알기 쉽고 체계적으로 탐구하는

최신 지구과학 실험서

지구과학 시리즈 18

알기 쉽고 체계적으로 탐구하는

최신 지구과학 실험서

경북대학교출판부

이효녕

한국교원대학교 과학교육학(석사)
미국 오하이오주립대학교 과학교육과(M.A., Ph.D.)
현재 경북대학교 지구과학교육과 교수

김승환

경북대학교 과학교육학(석사)
경북대학교 대학원 과학교육과 지구과학교육전공(박사과정 수료)
현재 교육부 교육과정정책과 교육연구사

알기 쉽고 체계적으로 탐구하는

최신 지구과학 실험서

초판 1쇄 2009년 5월 15일 | **초판 8쇄** 2024년 1월 31일
지은이 이효녕, 김승환 | **펴낸이** 홍원화 | **펴낸 곳** 경북대학교출판부
출판등록 1973년 10월 10일 ㉑97호 | **주소** 대구광역시 북구 대학로 80
전화 053-950-3830 | **팩스** 053-953-4692
E-mail press@knu.ac.kr | **홈페이지** http://knupress.com
ISBN 978-89-7180-261-8 93450

정가는 뒤표지에 있습니다.
파본은 바꾸어 드립니다.

| 머 리 말 |

지구과학 탐구 실험서의 개발은 1960년대 후반 미국의 과학재단(NSF)과 AGI(American Geological Institute)의 지원으로 완성된 ESCP(Earth Science Curriculum Project) 실험서 이후에 체계적으로 연구되고 있다. 우리나라에서도 지구과학 영역에서 탐구 능력의 신장이나 실험 실습 기능의 향상을 위한 다양한 교재가 개발되어 현장에서 사용되고 있다. 그러나 지구과학의 탐구대상의 특징을 반영하고 대학에서 기초적인 지구과학 교육에 적합한 체계적이고 효용성을 바탕으로 개발된 실험서는 여전히 부족한 실정이다.

저자들은 사범대학 과학교육학부 학생들을 대상으로 지구과학 실험을 지도한 경험과 시행착오를 바탕으로 이 실험서를 구성하고 집필하게 되었다. 이 저서는 대학 수준의 기초 지구과학 실험·실습과 관련된 강의에 적합하게 만들어졌고 학생들 스스로 학습하고 체계적으로 활용할 수 있도록 구성하였다. 예를 들어 사전 지식이 필요하거나 1-2시간의 실험 시간 동안 소화하기 어려운 경우 '사전실험안내서'를 따로 만들어 본 실험 시간의 효과를 최대한 높일 수 있도록 개발하였다. 아울러 본 실험안내서에 추가적으로 필요한 교과 내용 지식은 별도로 '실험참고자료'에 정리하여 학생 스스로 학습하는 데 도움을 주도록 구성하였다.

이 실험서에서는 최근 지구과학 교육의 동향이며 2015 개정 과학과 교육과정에서 강조되고 있는 지구계(시스템)에 관련된 내용과 지구과학의 탐구대상의 특징을 반영하였다. 학생들이 지구과학 실험과 관련된 개념 학습에 용이하고, 지구시스템 중심의 실제적인 지식, 탐구 등 유용한 내용의 활용을 통하여 지구과학적 소양을 함양하고 이해를 도울 수 있도록 하였다. 더 나아가 기초 교양과정에서의 지구과학적 지식에 관한 실천적인 능력을 배양하는 데 기여하는 지침서로 활용할 수 있다. 끝으로 어려운 여건 속에서도 이 책의 출판을 허락해 준 경북대학교출판부에 감사를 드린다.

복현골에서 이효녕 씀

| 목차 |

Ⅳ. 우주의 탐구

Ⅴ. 부록

Ⅰ. 지구과학 실험 총론

1. 지구과학이란?

지구과학이 어떤 학문인가에 대한 정의는 과학과 기술의 급격한 발달에 따라 달라졌다. 1983년에 출판된 『대학일반지구과학』 강의 교재에 소개된 지구과학의 정의를 살펴보면, 지구과학은 지구와 관련된 과학 영역들이 종합적으로 결합된 학문 영역이란 의미가 강하다.

> 우리가 살고 있는 지구에 관하여 연구하는 자연과학으로서, 분야별로 보면 지구과학은 오랫동안 독립되어 발전해 온 지질학, 천문학 및 기상학과 비교적 새로운 학문 분야라 할 수 있는 해양학, 지구물리학, 지구화학 등이 결합된 것이다(대학일반지구과학, 1983).

30년이 지난 후 지구과학에 대한 학문적인 정의는 크게 달라졌다. 지구환경시대가 도래하면서 미국의 경우에는 1990년대 초부터 전통적인 '지구과학'과 구분하여, '지구시스템과학(Earth System Science)'이란 새로운 학문 영역이 개척되어 용어 또한 혼용되어 사용되고 있지만, 우리나라에서는 이들 영역을 구분하기보다는 '지구과학'이란 학문의 정의에 최근의 지구시스템과학 관련 내용을 포함하여 정의하고 있다.

> 지구과학은 지구의 암석권, 수권, 대기권, 우주권을 연구하는 과학으로 지구와 행성을 구성하는 물질과 그 변화, 지구에 작용하는 힘과 운동, 에너지와 순환을 연구하고 해석하는 학문이다(이창진, 2003).

위에서 기술된 이창진(2003)의 정의에서 알 수 있듯이, 지구환경시대에 지구과학을 정의하는 데 있어 가장 큰 변화는 지구를 지권(2009 개정 과학과 교육과정), 수권, 대기권, 생물권으로 구성된 하나의 시스템으로서 다루고 있다는 것이다(그림 1). 곧 지구를 연구하는 데 있어서 전체적인 시스템의 관점에서 접근하여, 지구를 구성하는 지권, 생물권, 대기권, 수권, 외권(예, 지구의 외부 환경; 태양계의 일부로서의 지구) 간의 상호작용이나 영향과 변화에 초점을 두고 있다.

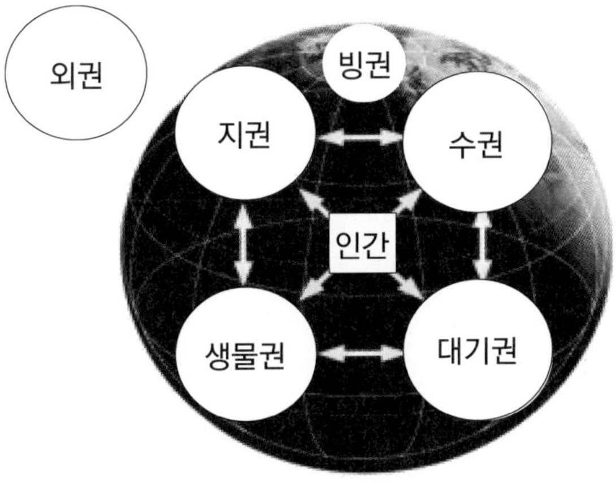

그림 1. 지구시스템과 구성 요소

전 세계의 많은 사람들은 최근 수십 년 동안 경험해 보지 못했던 큰 규모의 자연재해(예, 허리케인 카트리나, 태풍 매미), 지구온난화, 엘니뇨 등의 지구환경과 관련되어 발생하는 현상들에 대해 그 원인, 과정, 결과까지 예측할 수 있게 되었다. 이러한 지구환경적인 현상들은 지구의 기본적인 구성 요소라 할 수 있는 지권, 대기권, 수권, 빙권, 생물권 사이의 상호작용에 의한 산물임이 아울러 밝혀졌다. 그리하여 지구를 하나의 시스템으로 인식하고,

지구환경 연구에 **시스템적인 접근(systematic approach)**을 적용하여 지구환경에 대해 새롭게 이해하고 있다(Mayer & Kumano, 1999).

2. 지구과학의 특징[1)]

가. 기초과학으로서의 지구과학

자연현상을 탐구하고 이해하는 데 가장 기본이 되는 과학을 기초과학이라고 할 때, 물리와 화학은 물질세계를, 생물은 생물세계를 이해하는 데 가장 기본이 되는 학문이라고 할 수 있다. 이들 기초과학의 특징을 살펴보면, (1) 지식은 대체로 이상적인 통제된 조건하에서 이루어지는 관찰이나 실험을 통해 얻어지며, (2) 이러한 관찰과 실험에서는 인간의 일생보다 짧은 기간 내에 이루어지는 현상을 주로 다루며, (3) 확실한 해답을 줄 수 있는 내용을 주로 다룬다. 따라서 물리 교육, 화학 교육, 생물 교육에서는 어떤 현상을 먼저 관찰하고 기술하는 것이 기본이 되지만, 일차적인 강조점은 엄격히 통제된 실험방법에 따라 현상을 연구하는 것이다. 그 결과 역사적이고 기술적인 연구방법론(historical and descriptive methodology)은 경시되거나 무시되며, 과학에 대한 일반적 이미지는 흰 가운을 입은 과학자가 행하는 통제된 실험실에서의 실험으로 잘못 인식되곤 한다.

지구과학은 다양한 시간적 공간적 규모를 가지고 있으며, 시간과 공간적으로 통제되지 않는 자연(예, 지구환경이나 우주환경에서 일어나는 현상) 그 자체를 연구대상으로 삼는다. 따라서 정지된 현상보다는 공간적으로 상호 밀접하게 관련되고 시간적으로 변화하는 내용을 주로 다룬다. 그러므로 지구과학에서는 어떤 현상을 그 주변 현상과 시·공간적으로 관련지어 생각하고 과거와 현재의 사실을 통해 미래를 예측하려는 연구방법이 매우 중시된다. 즉 지구과학에서는 하나의 현상을 이해하기 위해서 그 주변의 현상을 시·공간적으로 조사하여 상호관련성을 발견하는 과정을 중요시하며, 그 현상에 대한 100% 정확한 해답을 찾기보다는 다양한 관찰 결과를 종합하고 분석하는 능력과 의문을 제기할 수 있는 문제인식 능력을 중요시한다. 그리고 타 과학 분야와는 달리 역사적이고 기술적인 연구방법론이 중요한 수단이 된다. 이러한 측면에서 보면 지구과학은 다른 과학 분야와 차별화되는 독특한 탐구방법을 지니며, 지구환경이나 우주환경 자체나 그 환경에서 일어나는 현상을 연구대상으로 하는 기초과학이라 할 수 있다.

나. 환경과학으로서의 지구과학

지구과학의 성격을 환경과학적 관점에서 파악하려는 것은 연구대상에 초점을 둔 것이다. 환경이란 인간이나 여타 생명체를 둘러싸고 있는 공간과 물질을 포함하는 모든 조건을 가리킨다. 우주의 생성과정에서 자연적으로 만들어진 자연환경은 다시 대기권, 수권, 지권, 생물권으로 구분된다. 환경과학이 환경을 대상으로 연구하는 과학이라고 한다면, 인공환경이 아닌 자연환경을 연구대상으로 하는 자연과학적 관점에서의 환경과학은 지구과학과

1) 이 부분은 저자의 전재 허가를 득하여 다음 참고문헌의 내용을 일부 정리하여 작성되었음.
이창진(2006). 지구와 우주환경시대의 지구과학. 함께하는 지구과학. 5(1), 58-69.

가장 밀접하게 관련되어 있음을 알 수 있다.

지금까지의 환경교육은 주로 사회과학적 관점과 생물학적 관점에서 다루어져 왔으며, 지구과학적 접근은 별로 이루어지지 않았다고 할 수 있다. 그러나 전 지구적 규모의 환경 문제와 물의 오염, 대기오염, 토양오염, 폐기물 처리 문제를 과학적으로 이해하려면 대기와 물의 순환, 지각을 이루는 암석과 토양의 생성, 지하수의 생성과정과 흐름 등에 관련된 지구과학적 개념 이해가 선행되어야 한다. 우리나라에서도 점점 심해지고 있는 산성비 문제를 예로 들어 보자. 공장이 없는 백령도나 설악산에서도 산성비가 내리는 이유를 이해하기 위해서는 강수과정과 대기의 순환에 대한 이해가 필요하며, 산성비로 인한 콘크리트 구조물의 피해를 이해하기 위해서는 석회암의 성질을 알아야 한다. 또한 브라질의 리우 환경회의에서 거론된 이산화탄소 배출량 규제와 프레온가스 사용 금지의 배경을 이해하려면 온실효과와 해수면 상승, 프레온가스 배출과 오존층 파괴 사이의 관계를 이해해야 한다. 우리나라에서 종종 제기되는 핵폐기물 및 쓰레기 매립장 건설, 댐 건설 등과 관련한 합리적인 의사결정을 위해서는 지질 구조, 암석, 토양, 지하수의 생성과 흐름 등 지구환경 전반에 대한 이해와 지식이 필요하다.

앞으로 환경오염은 더욱 심각해질 것이며, 이로 인해 일반 시민이 환경과 관련된 의사결정을 해야 할 기회도 점점 많아질 것이다. 합리적인 의사결정을 내릴 수 있으려면 특정 과학에 대한 깊은 이해보다는 지구환경에 대한 전반적인 이해가 요구된다.

다. 종합과학으로서의 지구과학

과학은 우리 주변에 존재하는 자연의 사물과 현상에 대해 과학적으로 탐구하여 체계적으로 이해하려는 인간의 활동이라고 볼 수 있다. 물리, 화학 또는 생물을 통해 지구의 어느 한 영역에 대해서 깊이 이해시킬 수 있지만, 지구에 대해 종합적으로 이해시키기는 어렵다. 이에 반해 지구과학은 지각과 지구 내부, 대기, 해양, 우주에 존재하는 물질과 현상을 연구대상으로 한다. 즉 지구과학은 미국과학교사협회(NSTA)가 제안한 과학의 기본 개념인 물질, 시간, 공간, 운동, 힘, 에너지 등을 종합적으로 다루고, 통제된 실험이나 컴퓨터를 이용한 모의실험과 함께 역사적이고 기술적인 탐구방법을 함께 활용함으로써 우리의 행성에 대한 포괄적인 지식을 제공한다.

지구과학은 그 탐구대상이 다양하고 복잡하므로 이를 종합적으로 이해하기 위해서는 여러 과학 분야의 기본 개념과 탐구방법이 동원되어야 한다. 따라서 지구과학은 종합과학이라고 특징지을 수 있다.

다양한 학문분야에 기초한 전통적인 과학과 교육과정 조직방법과는 대조적으로, 지구과학의 교육과정은 모든 과학이 대상으로 삼는 시스템으로서의 지구라는 개념을 중심으로 조직된다. 이러한 내용 조직방법을 통하여 다양한 과학 분야에 속한 내용이 통합되어 지구에서 일어나는 여러 과정들의 역할을 설명하게 된다. 이러한 내용 조직을 통해 학습자는 즉각적인 흥미를 느끼고, 생동감 있는 경험에 다가갈 수 있게 된다.

과학은 물리, 화학, 생물 등 분과적이고 분절적인 지식보다는 하나의 시스템으로서의 지구와 그 환경이 어떻게 기능하는지를 파악할 수 있도록 큰 개념에 초점을 맞추어야 한다. 예를 들어 각종 오염 문제, 지구온난화, 오존층 파괴 등과 같은 전 지구적 규모의 환경문제를 해결하기 위해서는 어느 한 분야가 아닌 여러 분야에 대한 과학 지식과 기술이 필요하다. 이러한 맥락에서 **지구과학은 다양한 과학 분야를 아우를 수 있는 중추적 역할을 수행할**

수 있다.

3. 지구과학 탐구

앞에서 살펴본 것처럼 지구과학은 시간적으로 우주의 기원, 지구의 탄생과 진화, 미래까지 다루며, 공간적으로는 지구의 중심 내부에서부터, 지구와 우주환경까지의 범위에서 일어나는 다양한 자연현상을 탐구의 대상으로 삼고 있다(Mayer et al., 2007). 이러한 지구과학의 탐구대상은 물리, 화학, 생물 등의 다른 과학 분야와 구별되는 독특한 특성을 가지고 있다. 여기에서는 Kim(2002)이 지구과학의 탐구대상의 특성으로 제시한 다양한 시·공간 규모, 접근불가능성(inaccessibility), 통제불가능성(uncontrollability), 복잡성(complexity)에 대해 설명한다.

가. 시간 규모의 특성

지구과학의 탐구대상들은 다양한 시간 규모 동안 발생하는 현상들과 과정들을 다룬다. 예를 들어 지진이나 화산활동 등은 비교적 짧은 시간 동안 일어나지만, 산맥의 형성이나 판의 이동 등은 매우 오랜 시간에 걸쳐 진행된다. 시간 규모의 특성 때문에 인과 결과를 모두 관찰하기 힘들고, 현재에도 진행 중인 과정의 일부만을 볼 수 있거나, 과거에 종결된 결과를 가지고서 현재와 미래의 과정과 결과를 예측할 수도 있다(오필석과 김찬종, 2005). 인류의 역사와 비교해서 상당히 오랜 시간 규모를 지니고 있는 지구과학의 탐구대상들을 교수하고 연구하는 데에는 현재 관찰된 결과들이나 증거들로부터 출발하여, 과거에 어떤 과정을 통해 형성되었는지를 추론함으로써 지구의 역사를 재구성하는 것이 중요한 탐구방법 중 하나이자 목표가 된다(Engelhardt & Zimmermann, 1982; Selles-Martinez, 2004).

나. 공간 규모의 특성

물리, 화학, 그리고 생물학이 일상적이거나 대체적으로 작은 미시적 규모를 가지고 있는 반면에, 지구과학의 탐구대상들은 다양한 공간적 규모를 가지고 있다. 예를 들어 대기 대순환이나 해수의 심층 순환 등과 같이 전 지구적 규모의 탐구대상도 있고, 수십 킬로미터의 규모에서 발생하는 조산 운동이나, 저위도에서 중위도에 걸쳐 발생과 소멸의 과정을 겪는 태풍의 이동, 국지적인 규모에서의 일기 변화 등도 다양한 공간적인 특성을 지니고 있다. 이러한 지구과학적 현상들은 다양한 규모에서 발생하는 여러 가지 과정들이 복합적으로 작용한 결과로 나타날 수 있다(오필석과 김찬종, 2005).

따라서 지구과학의 교수나 탐구활동을 효과적으로 수행하기 위해서는 탐구대상에 관련된 요인들과 그들 상호의 인과 관계는 물론 각 요인들의 역동적인 관계를 고려하는 시스템적(systemic) 사고나 전체적인 접근 방법(holistic approach)이 필요하다(문병찬 외, 2004; Assaraf & Orion, 2005; Mayer, 2002; Selles-Martinez, 2004).

다. 접근불가능성(inaccessibility)과 통제불가능성(uncontrollability)

지구과학의 많은 탐구대상들은 직접 접근하기 곤란한 경우가 많다. 예를 들어 지자기 형성 원인, 해수의 심층 순환, 연약권, 마그마 생성 등은 직접적으로 접근하여 관찰하거나 조사하는 데 제한점이 있으며, 따라서 이러한 대상들을 여러 가지 요인들을 고려한 실험실 상황에서 재연하거나 통제된 실험을 수행하기에는 어려운 경우가 많다. 이러한 탐구대상의 특성에 기인하여 직접적인 관찰로부터 수집된 증거나 사실을 지구과학 탐구에 활용하기가 어려움을 알 수 있다. 따라서 지구과학의 탐구에서는 제한적인 정보와 부분적으로 수집된 증거들로부터 현상의 인과 관계와 과정을 구성하기 위한 창의적인 추론 전략이 필요하다(오필석과 김찬종, 2005; Engelhardt & Zimmermann, 1982; Kali et al., 2003; Kim, 2002; Selles-Martinez, 2004).

라. 복잡성(complexity)

지구환경이나 우주환경 내에서 일어나는 다양한 현상이나 변화는 하나의 요인에 의해 발생하는 것이 아니라, 지구를 구성하는 여러 가지 구성요소들 간의 다양하고 복합적인 상호작용을 통해 발생된 것이다. 그러므로 지구과학의 탐구대상의 시작으로부터 결과에 이르는 모든 과정을 설명하기 위해서는 지구과학에 관련된 지식(개념)뿐만 아니라, 물리, 화학, 생물학에 연관된 통합적인 지식(개념)의 적용이 필요할 때가 많다.

예를 들어 화산 폭발에 대해 탐구활동을 진행할 경우 화산 폭발의 원인과 과정을 설명하기 위해서는 이 현상의 각 단계마다 동시에 혹은 개별적으로 작용하는 복잡한 과정들을 모두 파악해야 한다. 왜냐하면 화산 폭발은 지권(예, 토양의 황폐), 대기권(예, 산성비), 수권(예, 해양오염), 생물권(예, 생태계 파괴) 등에 복잡하게 연계되어 직·간접적 영향을 주기 때문에, 미래에 일어날 영향과 변화들을 정확히 예측하기 위해서는 과거에 발생하였던 화산 폭발의 과정과 결과들을 통해서 밝혀진 사실들로부터 지구환경에 영향을 미칠 수 있는 다양한 과정들을 생각하고, 그와 연계된 과정과 지식(개념)에 대한 조사가 요구된다.

Ⅱ. 지구·지권의 탐구

[실험 1] 지구계의 이해

사전실험안내서

[읽고 생각해 보기]

우리가 살고 있는 지구환경은 대기권, 수권, 지권, 생물권으로 구성되어 있다. 그리고 인간 사회는 이들과 상호작용을 맺고 있다. 또한 지구환경의 대기권, 수권, 지권, 생물권에서는 태양 에너지, 지구 내부 에너지, 조력 에너지에 의한 침식, 바람, 해류, 식물의 성장, 조산 운동, 화산 활동 등과 같은 변화가 끊임없이 일어나고 있다. 이와 같이 지구환경의 각 권에서는 여러 변화를 통하여 에너지와 물질이 이동하게 된다.

그렇다면 지구환경의 각 권은 어떤 특징을 가지고 있으며, 각 권의 상호작용을 통하여 물질과 에너지는 어떻게 이동하는지 각종 자료와 참고 문헌을 조사하여 보자.

[탐구내용]

1. 지구환경을 구성하고 있는 구성 요소에는 어떤 것이 있으며, 그 특징은 무엇인지 조사하여 간략하게 정리해 보자.

2. 지구환경 구성 요소에 영향을 미치는 에너지원에는 어떤 것들이 있는지 적고, 각각에 대해 설명해 보자.

3. 지구환경은 끊임없이 변화한다. 지구환경 변화 요인 중 '① 오존층 파괴, ② 판의 운동'에 대한 지구환경 구성 요소의 변화에 대해 설명해 보자.

4. 지구상의 내부 물질 중 탄소가 어떻게 순환하는지, 에너지 순환과 연관지어 설명해 보자.

[실험 1] 지구계의 이해

실험안내서

제목	**지구계의 이해**	날짜	년 월 일
실험목표	계(시스템)로서의 지구를 이해하고, 지구계(시스템) 전체 및 그 하위계(권) 사이의 상호작용과 영향에 대해 알 수 있다.		
준비물	색연필		

1. 탐구활동 과정

(1) 지구계에서는 지구를 구성하는 여러 가지 요소들이 서로 유기적으로 관련되어 상호작용을 맺고 있으며, 지구계를 구성하는 요소는 크게 대기권, 수권, 지권 및 생물권으로 이루어져 있다. 지구를 구성하는 요소와 현상에 관련된 단어들을 조사하고 지구계를 구성하는 네 가지 요소에 맞추어, 아래 그림의 빈칸을 이용하여 분류해 보시오.

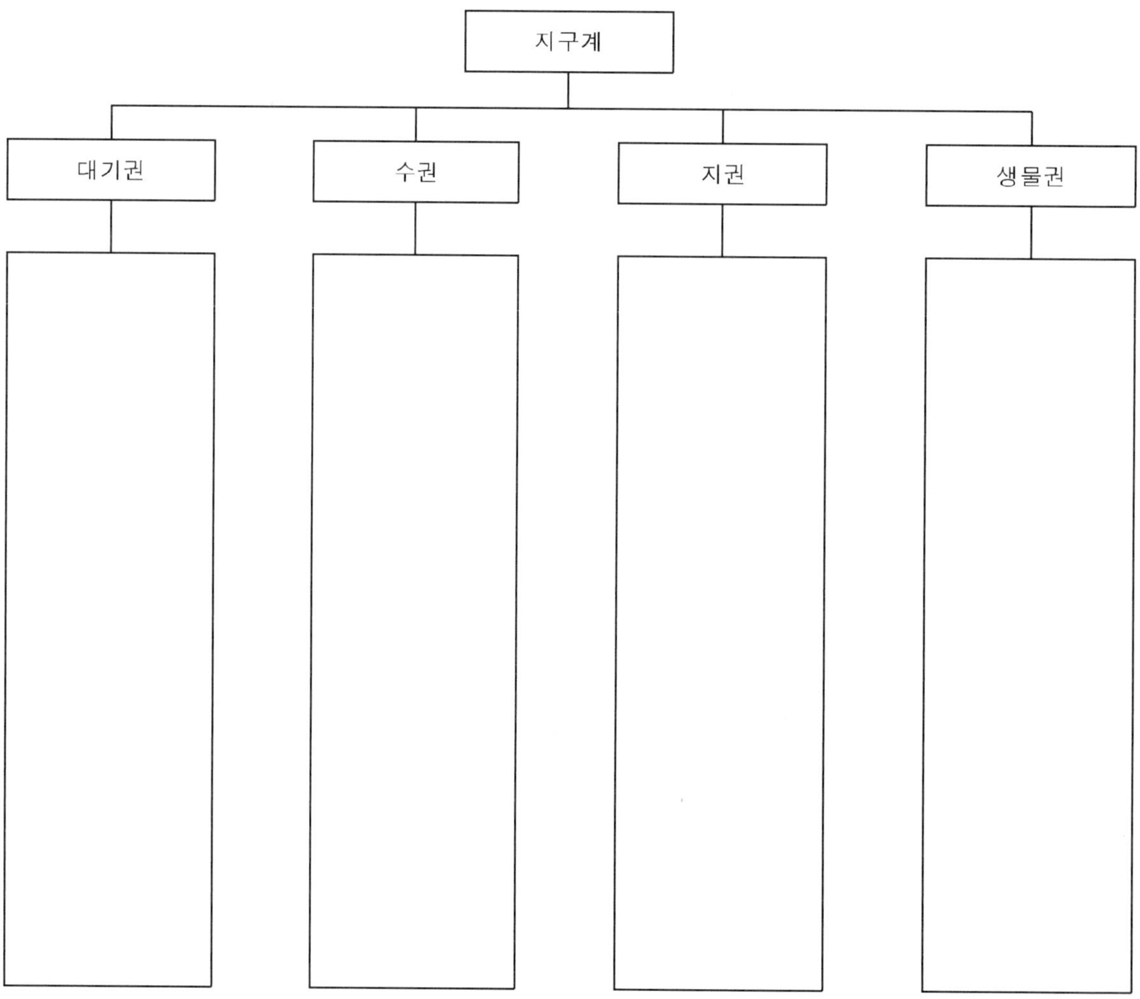

(2) 지구계에서 나타나는 현상들은 앞의 그림의 형태와 같이 대기권, 수권, 지권 및 생물권으로 정확히 분류해서 나타내기 어려운 부분들이 있다. 어떤 형태로 구성을 하면 지구환경 구성 요소들과 그 현상이 일치되어 잘 표현될 수 있을지 협의하고, (1)번에서 작성했던 내용을 새로운 형태의 그림으로 구성해 보시오.

(3) 지구계에서 일어나는 다양한 자연현상들은 지구계를 구성하는 여러 구성 요소들과 서로 상호작용(영향)을 맺고 있으며, 그러한 작용은 인간에게도 영향을 미치고 있다. 아래 그림의 가운데에 있는 자연현상란에 "화산 폭발"을 예로 들어, 화산 폭발이 지구계를 구성하는 각각의 요소들에 어떤 영향을 미치거나 상호작용을 일으키고 있는지를 설명하시오.

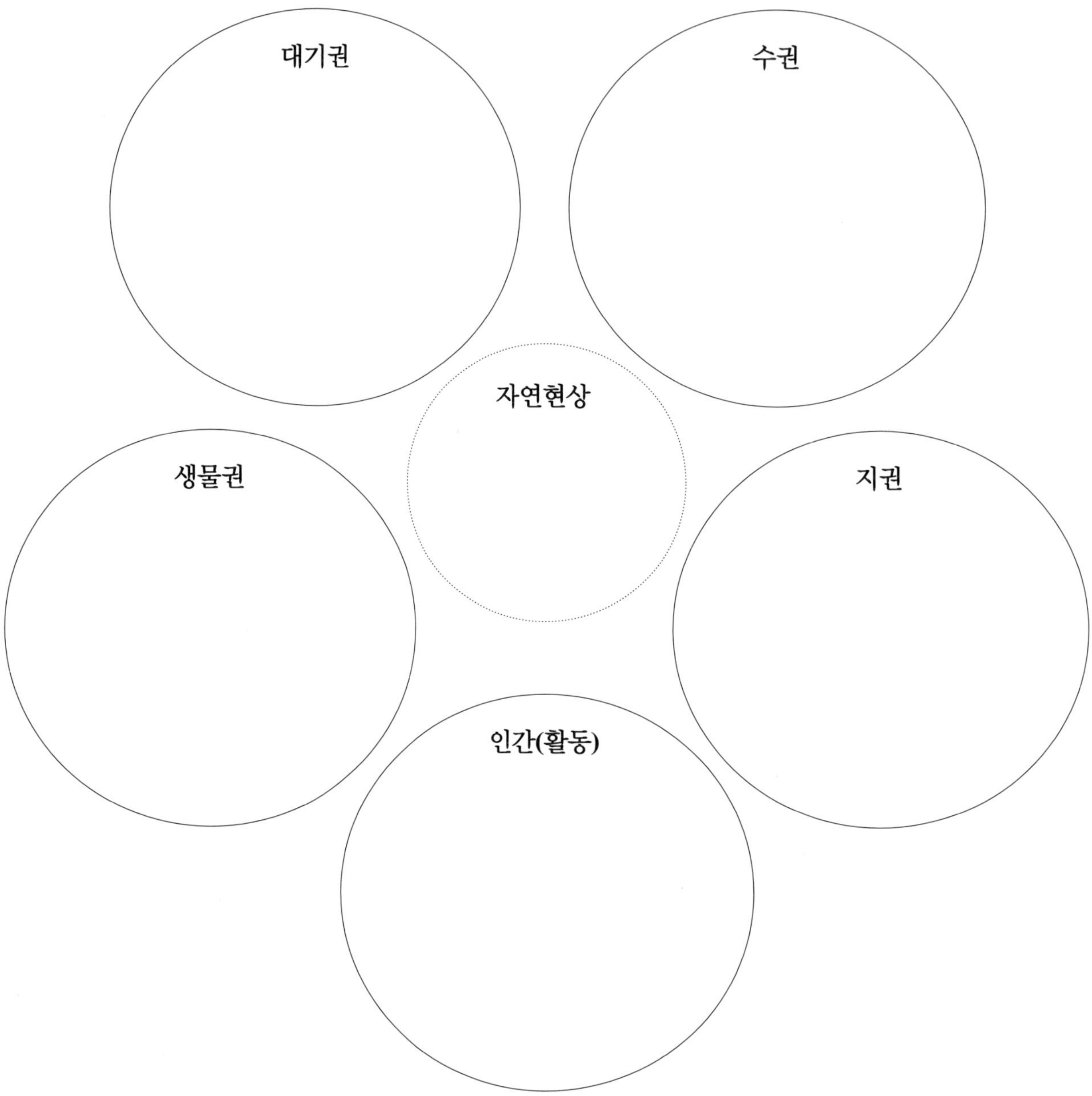

(4) 최근 들어 심화되고 있는 지구온난화는 해수면 상승, 이상 기후 발생, 동식물의 생태환경의 위협, 해로운 질병 유발 등의 심각한 문제를 일으키는 주요 원인이 되고 있다. 아울러 빙권(cryosphere)은 지구계의 구성 요소들과 다양한 상호작용을 하고 있으며, 영향을 미치고 있음이 밝혀지고 있다. 아래 그림의 가운데 인간활동 부분에 지구온난화를 예로 들어, 지구온난화가 지구계를 구성하는 각각의 요소들에 어떤 영향을 미치거나 상호작용을 일으키고 있는지를 설명하시오.

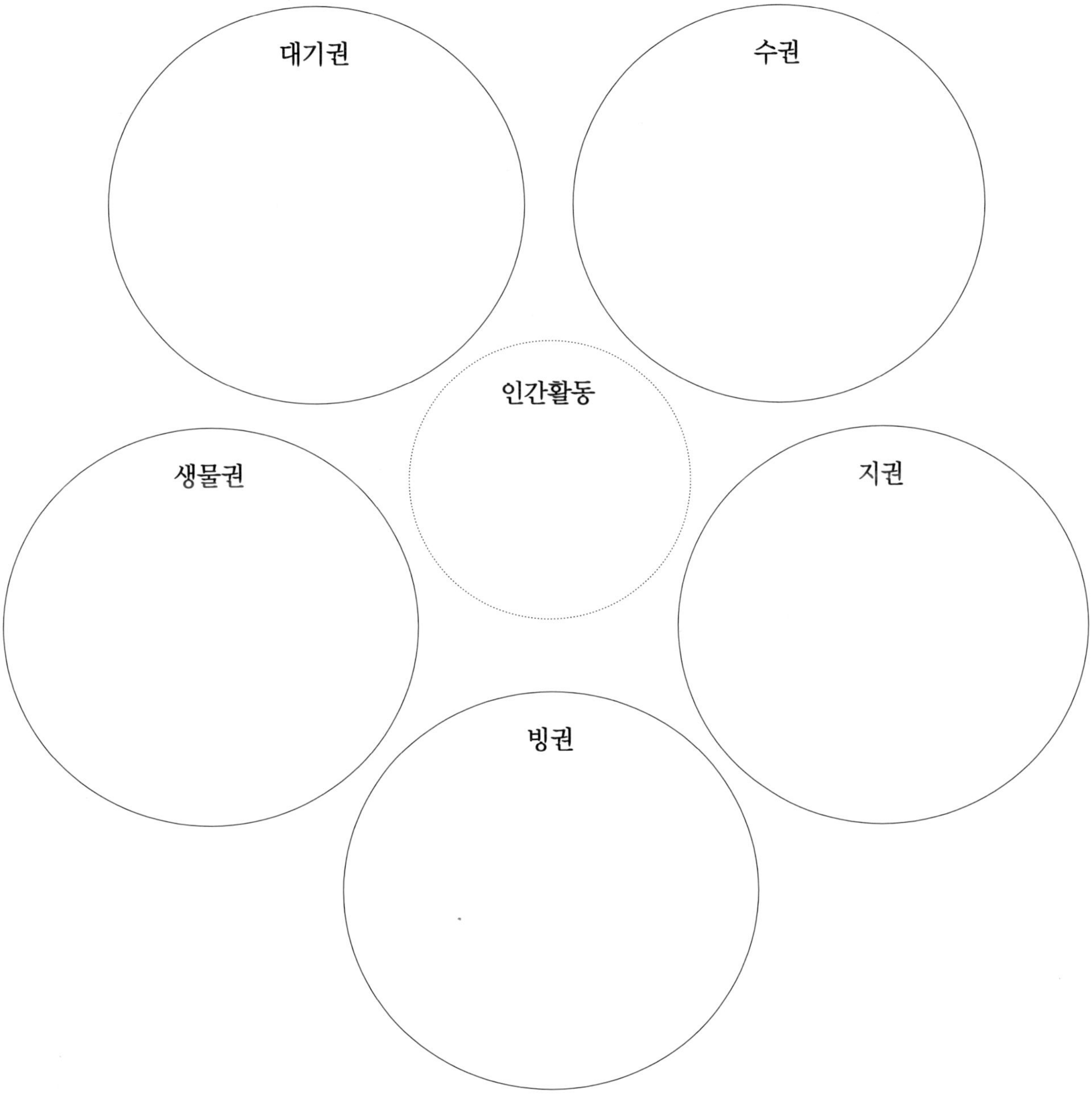

2. 결과 및 고찰

(1) 지구계는 태양계를 구성하고 있는 하나의 하위계(subsystem)이며, 지구계와 우주권 사이에 직접적인 물질 교환은 이루어지지 않지만, 긴밀한 상호작용을 하고 있다. 지구계가 우주권으로부터 받는 영향이나 상호작용에 대해 세 가지 정도 나열하고, 그 내용을 상세하게 기술하시오.

① 조석

영향(원인)

②

③

(2) 다음의 활동지를 가지고, 앞에서 다루지 않았던 지구환경적인 현상(문제)을 정하고, 이 현상(문제)이 어떻게 각 권에 연관되어 있고, 영향을 주고 있는지에 대해 아래의 표를 완성해 보시오.

지구환경적인 현상(문제) : ______________________________

	대기권	지권	수권	생물권	빙권
대기권					
지권					
수권					
생물권					
빙권					

[실험 2] 지구 모형 크기 측정

사전실험안내서

[읽고 생각해 보기]

지금부터 약 2,000년 전, 그리스 알렉산드리아의 수학자 **에라토스테네스** (Erathosthenes, B.C. 276 ~ 194)는 낮의 길이가 가장 긴 날인 하짓날 정오에 이집트의 남쪽에 있는 시에네의 우물에 그림자가 생기지 않는 때가 있음을 알게 되었다.

그는 이와 같은 일상의 일을 곰곰이 생각한 끝에 자신이 살고 있는 알렉산드리아에서 수직으로 세워 놓은 막대기가 하짓날 정오에 그림자를 드리우는지 실제로 관찰하였고, 그 결과 이때 시에네보다 북쪽에 위치한 알렉산드리아에서는 약 7.2°의 각도로 그림자가 생긴다는 사실을 발견하였다.

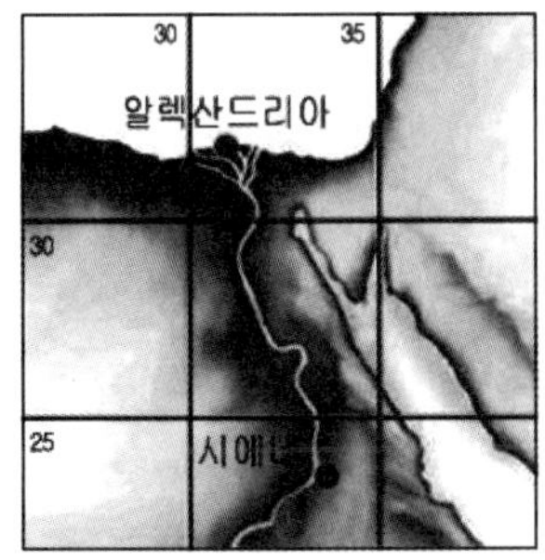

지도

이 같은 사실로부터 그는 지구의 표면이 편평하지 않고 둥글다는 사실을 알아내고, 한 남자를 고용하여 알렉산드리아에서 시에네까지의 거리를 발걸음 폭으로 측정하도록 하였는데, 그 거리가 약 925km였다.

위와 같은 방법으로 에라토스테네스는 어떻게 지구의 크기를 구할 수 있었을까? 또한 그 값은 정확한 것이었을까? 이번 실험을 통하여 알아보자.

[탐구내용]

1. 다음은 지구과학의 일반적인 탐구 과정을 순서 없이 나열한 것이다. 먼저 에라토스테네스가 실험한 것을 살펴본 후 다음의 각 단계를 순서대로 나열하여 보고, 단계별로 에라토스테네스가 행한 탐구활동을 정리해 보자.

   (가) 가설과 모형을 설정한다.

   (나) 야외의 일반적인 자연 현상에 대하여 호기심을 갖고 문제를 파악한다.

   (다) 관찰할 대상을 선정하고 시간적·공간적 범위를 정한다.

   (라) 자료를 분석하고, 과학적 이론의 측면에서 옳은가를 해석한다.

   (마) 지구과학 탐구활동(관측, 조사, 측정, 실험)을 통하여 얻은 자료를 수집한다.

   (바) 얻은 정보를 토대로 결론을 내린다.

2. 하짓날 정오에 시에네와 알렉산드리아에 각각 세워 놓은 막대의 그림자가 다른 결과로부터, 어떤 사실들을 유추할 수 있는가?

3. 호의 중심각(Θ)과 길이(l)를 이용하여 원 둘레(S)를 구하는 비례식을 쓰시오.

4. 에라토스테네스가 구한 지구 반지름의 크기는 얼마인가? 그 계산식과 값을 쓰시오.

5. 4번에서 구한 지구의 반지름과 실제 값의 오차율은 얼마인가? 오차가 발생하는 이유는 무엇일까?

[실험 설계]

▶ 에라토스테네스의 방법을 이용하여 지구 모형 크기를 측정하는 실험에 대해 구상해 보자.

[실험 응용]

▶ 이 실험을 수행할 때의 유의점을 생각해 보자.

[실험 2] 지구 모형 크기 측정

실험안내서

제목	지구 모형 크기 측정(에라토스테네스의 방법 이용)	날짜	년　　월　　일
실험목표	· 에라토스테네스의 방법을 이용하여 지구 모형의 크기를 측정할 수 있다. · 지구 크기를 측정하는 방법에 대하여 설명할 수 있다.		
준비물	지구 모형, 전등, 고무빨판, 막대, 막대 자, 실, 색연필, 각도기		

1. 탐구활동 과정

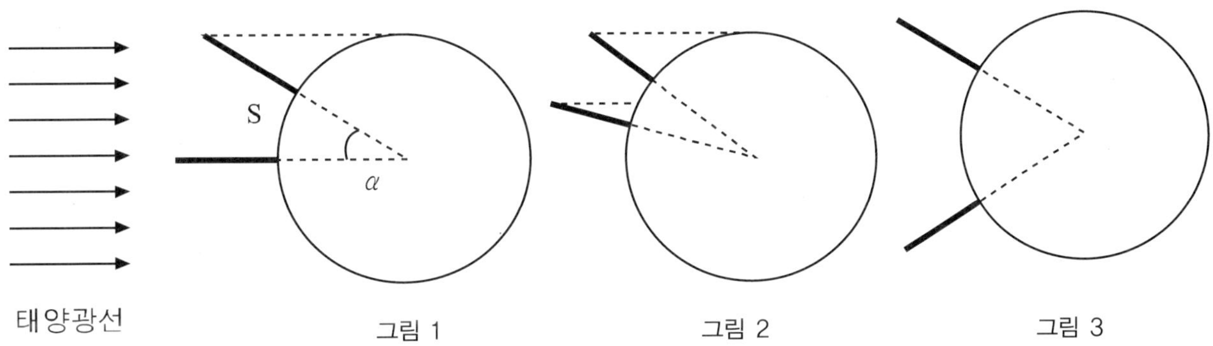

(1) 에라토스테네스의 지구 크기 측정 방법에 대해 이해한다.

(2) 수학적 원리인 “호의 길이는 중심각의 크기에 비례한다”는 사실을 확인한다.

(3) 지구 모형에 태양광선(또는 전등)을 비춘다.

(4) 위의 [그림 1, 2, 3]과 같은 모양이 되도록 각각 막대를 설치한다.

(5) 막대의 끝과 막대 그림자의 끝을 이어서 막대와 광선이 이루는 각을 측정한다.

(6) 위의 [그림 1, 2, 3]에서 중심각 크기 α와 막대 사이의 거리 S를 자와 각도기를 이용해서 기록한다.

(7) 지구 모형의 둘레와 반지름을 계산한다.

2. 실험 시 유의점

(1) 지구 모형은 되도록 반지름이 큰 것이 좋다.

(2) 막대 크기가 적절한 것을 사용하고 막대의 그림자가 모형상에 맺히도록 위치 선정이 알맞아야 한다.

(3) 고무빨판은 지구 모형의 동일 경도상에 설치해야 한다.

3. 결과 및 고찰

(1) 에라토스테네스가 하짓날 시에네와 알렉산드리아의 우물에 생기는 그림자를 이용하여 지구의 크기를 측정할 수 있었는지 그림을 그려서 설명하시오. 또한 다음에 제시된 수치를 이용하여 당시 에라토스테네스가 구한 지구 둘레와 반지름 길이를 직접 구하여 현재의 값과 비교하여 보자.

- ▸ 시에네와 알렉산드리아의 거리 : 5,000 스타디아(1스타디아 = 185 m)
- ▸ 지구의 평균 반지름 길이 : 6,378 km

(2) 위에서 설명한 에라토스테네스의 방법으로 지구 크기를 측정할 때 필요한 가정 두 가지와, 그 이유는 무엇인지 설명하시오.

(3) 실험상에서 구한 자료 기록

	막대 사이의 거리 S(cm)	막대 사이의 중심각 α(°)
그림 1		
그림 2		
그림 3		

(4) 위에서 구한 자료를 이용하여 지구 모형의 둘레와 반지름 길이를 구하시오.

	지구 모형 둘레의 길이(cm)	지구 모형 반지름의 길이(cm)
그림 1		
그림 2		
그림 3		

(5) 지구 반지름(약 6,378 km)과 실제 지구 모형을 분리하여 잰 반지름(cm)을 비교하여 축척을 구하고 실험에서 구한 지구 반경을 km로 계산하여 실제 크기와 비교하여 보자. 가장 근접한 수치를 보이는 것은 어떤 방법으로 구한 값이며, 그 이유는 무엇인지 생각해 보자.

(6) 이 실험 외에 북극성의 고도를 이용한 지구 크기 측정 실험을 직접 구상하시오.

[실험 3] 지구 타원체와 지오이드

사전실험안내서

[읽고 생각해 보기]

17세기의 카시니 부자에 의해 삼각 측량법이 개발되고 위도 1°간의 자오선 길이가 측량되면서, 사람들은 지구가 완전한 구인가에 대해 의심을 품게 되었다. 그후 프랑스 학사원의 두 차례에 걸친 측량으로 지구는 적도 쪽이 부푼 회전 타원체임이 밝혀지게 되었다.

그렇지만 이런 기하학적인 회전 타원체도 실제 울퉁불퉁한 지구의 모양과는 너무 다르다. 그렇다면 실제 지구의 모양과 가장 비슷한 것으로는 무엇이 적당할까? 이번 실험을 통해 알아보자.

[탐구내용]

1. 다음 용어들을 간단하게 설명해 보자.

① 편평도　　② 지구 타원체　　③ 지오이드(geoid)

2. 타원의 정의를 적고, 타원을 손쉽게 그릴 수 있는 방법을 생각해 보자.

[실험 설계]

▸ 물을 마시기 위해 컵을 기울이면, 물이 중력에 수직으로 배열하므로 쉽게 물을 마실 수 있다. 만약 중력이 작용하지 않는다면, 컵 속의 물은 빨대를 사용하지 않고는 마실 수 없을 것이다. 지표 면적의 3/4은 해수가 차지한다는 점에 유의하여, 중력을 이용하여 지구의 모양을 나타내는 방법에 대하여 생각해 보자.

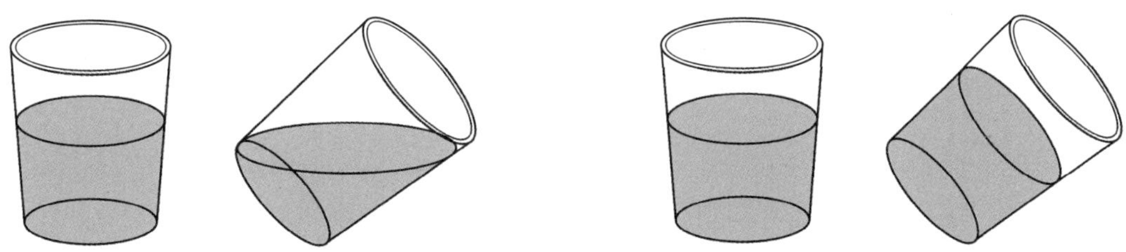

지구의 중력이 작용할 때　　지구의 중력이 작용하지 않을 때

[실험 응용]

▸ 타원의 편평도 값을 달리한다면 타원체의 모습은 어떻게 변하게 되는지 설명해 보자.

▸ 지오이드란 무엇이며, 지구 타원체와는 어떻게 다른지 설명해 보자.

▸ 지구를 비롯한 대부분의 태양계 천체들은 태양을 중심으로 타원궤도상을 운행하고 있다. 타원궤도에서 이심률(eccentricity)란 무엇이며, 그 크기에 따라 타원궤도의 형태가 어떻게 변하는지 설명해 보자.

[실험 3] 지구 타원체와 지오이드

실험안내서

제목	지구 타원체와 지오이드	날짜	년 월 일
실험목표	· 지구의 모양이 적도 쪽이 부푼 회전 타원체임을 안다. · 직접 타원을 그리고 타원체의 성질에 대하여 설명할 수 있다. · 인공위성 실측자료를 이용하여 지오이드의 대략적인 모양을 직접 그려 보고, 특징을 설명할 수 있다.		
준비물	실, 백지, 압핀, 인공위성 실측자료(지오이드의 높이)		

1. 실험 방법 및 과정

가. 타원체 그리기

(1) 장반경과 단반경에서 구한 편평도가 다음 표와 같았다. 각각의 경우에서 장반경을 15 cm로 할 때의 단반경을 구한다.

구 분	경우 1	경우 2	경우 3	경우 4
편평도(e)	0	0.3	0.8	1
장반경	15	15	15	15

(2) 모눈종이 두 장을 붙인 후, 장축과 단축을 각각 X, Y축으로 그린다.

(3) 실의 길이를 장반경의 2배로 하여 실의 중간을 단축의 한쪽 끝에 연필로 고정시킨 다음, 실의 나머지 양쪽 끝이 X축(장축)에 닿을 수 있도록 완전히 펴서 초점을 정하고 압정으로 고정시킨다.

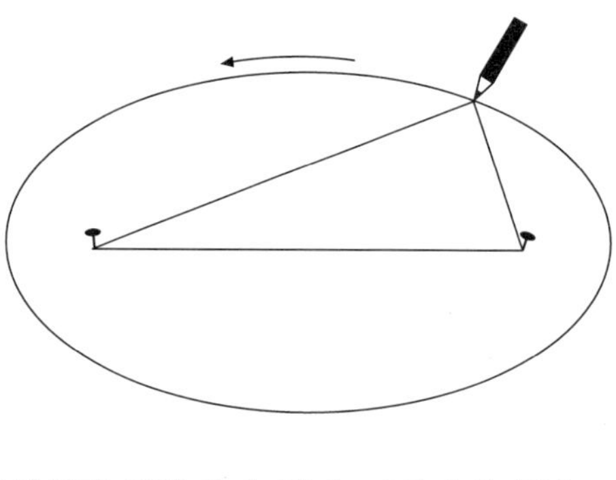

(4) 실과 연필을 이용하여 위의 그림처럼 장반경이 끝과 단반경의 끝을 지날 수 있도록 부드럽게 그린다.

(5) (2)와 (3)의 과정에서 그린 타원체에 장반경과 단반경을 각각으로 하여 컴퍼스로 원을 함께 겹쳐 그리고, 자신이 그린 타원체의 모양과 어떻게 다른지 차이를 살펴본다.

나. 지오이드면 그리기

(1) 인공위성 궤도로부터 측정한 지오이드의 높이 자료(첨부)를 이용하여 경도 120°W, 60°W, 0°, 60°E, 180°E 지점의 위도 10° 간격으로 지오이드 높이를 구한다.

(2) 다음과 같이 짝지어진 각 경도에서 구한 위도별 지오이드 높이 값들을 제시된 방사형 그래프 용지에 그리시오.

① 경도 120°E와 경도 60°W의 값들을 짝지어 그린다.

② 경도 0°와 경도 180°의 값들을 짝지어 그린다.

③ 경도 60°E와 경도 120°W의 값들을 짝지어 그린다.

> ※ 유의사항
> ▸각 경우의 선 색을 달리하여 매끄러운 곡선으로 연결하고 범례를 만들 것.
> ▸지구 규모에서의 전체적인 지오이드 모양을 찾아낼 것.

2. 결과 정리 및 토의

가. 타원체 그리기

(1) 과정 가-(1) 실험에서 얻은 각각의 경우에 대한 자료와 타원체 그림을 정리한다.

구　분	경우 1	경우 2	경우 3	경우 4
편평도(e)	0	0.3	0.8	1
장반경	15	15	15	15
단반경				

※ 타원체 그림은 보고서 제일 끝에 첨부하도록 한다.

(2) 위의 타원을 단축을 중심으로 회전시키면 회전 타원체가 만들어진다. 이러한 타원체는 편평도를 정의하여 그 넓적한 정도를 표현하고 있다. 편평도의 정의와 그 값이 변함에 따라 타원체의 모습이 어떻게 변하는지 위의 결과를 보고 설명해 보자.

(3) 모양과 크기가 실제의 지구와 가장 가까운 굴곡이 없는 기하학적인 회전 타원체를 모두 지구 타원체라고 한다. 이러한 지구 타원체는 측정한 자료에 따라 조금씩 다르며, 이 타원체를 기준으로 지도가 작성되고 있다. 다음은 지구 타원체를 측정한 자료를 나타낸 표이다. 이 표에서 우리나라에서 선정하여 사용하고 있는 베셀 타원체(1841년) 값을 이용하여 지구 타원체의 모양을 그려 보시오(단, 적도 반경을 15 cm로 함).

타원체	적도 반지름(km)	극 반지름(km)	편평도
베셀 타원체(1841년)	6377.397	6356.079	1 / 299.15
헤이퍼드 타원체(1909년)	6378.388	6356.912	1 / 297.00
I.U.G.G(1957년)	6378.160	6356.775	1 / 298.25
피셔 타원체(1960년)	6378.160	6356.788	1 / 298.3

(4) 지구 타원체의 증거에는 어떠한 것들이 있는가? 설명해 보자.

(5) 적도 부분이 부풀어 있는 지구 타원체가 된 까닭은 무엇인가? 설명해 보자.

(6) 극으로 갈수록 중력(gravity)이 커지는 이유를 설명해 보자.

나. 지오이드면 그리기

(1) 인공위성 실측자료로부터 구한 각 경도별 지오이드의 높이를 구하여 다음 표를 완성해 보자.

경도 / 위도	120°W	60°W	0°	60°E	120°E	180°
90°N						
80°N						
70°N						
60°N						
50°N						
40°N						
30°N						
20°N						
10°N						
0°						
10°S						
20°S						
30°S						
40°S						
50°S						
60°S						
70°S						
80°S						
90°S						

(2) 아래의 방사형 그래프 용지에 과정 (나)-2의 그래프를 그리시오.

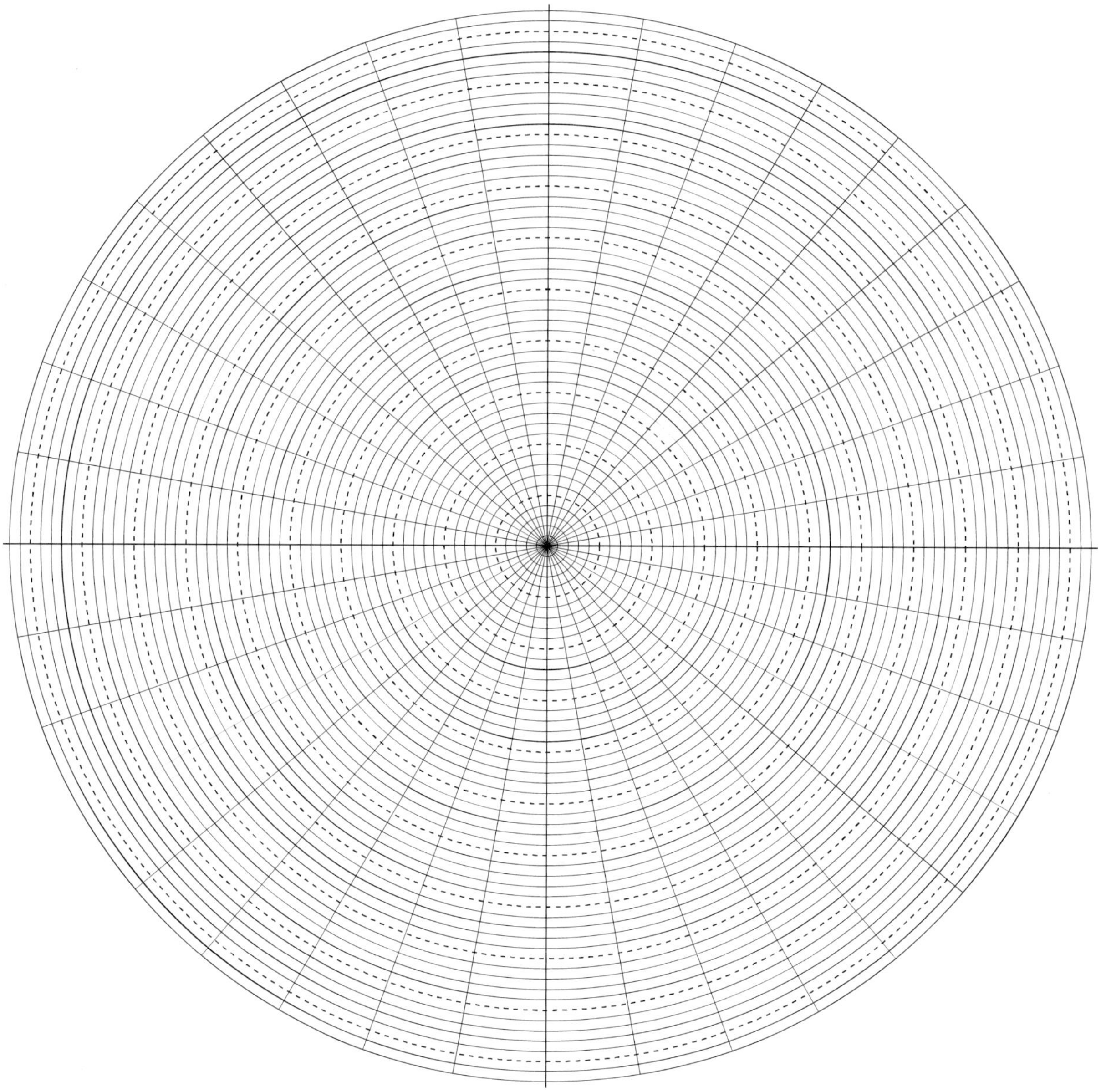

(3) 경도 120°E와 경도 60°W에서 구한 값을 짝으로 맞추는 이유는 무엇인가?

(4) 지구 규모에서 전체적인 지오이드의 모양은 대체적으로 어떤 모양을 띠고 있는가? 그 이유가 무엇인지 설명해 보자.

(5) 인공위성의 궤도로부터 지오이드면의 높이를 구하는 방법에 대하여 설명해 보자.

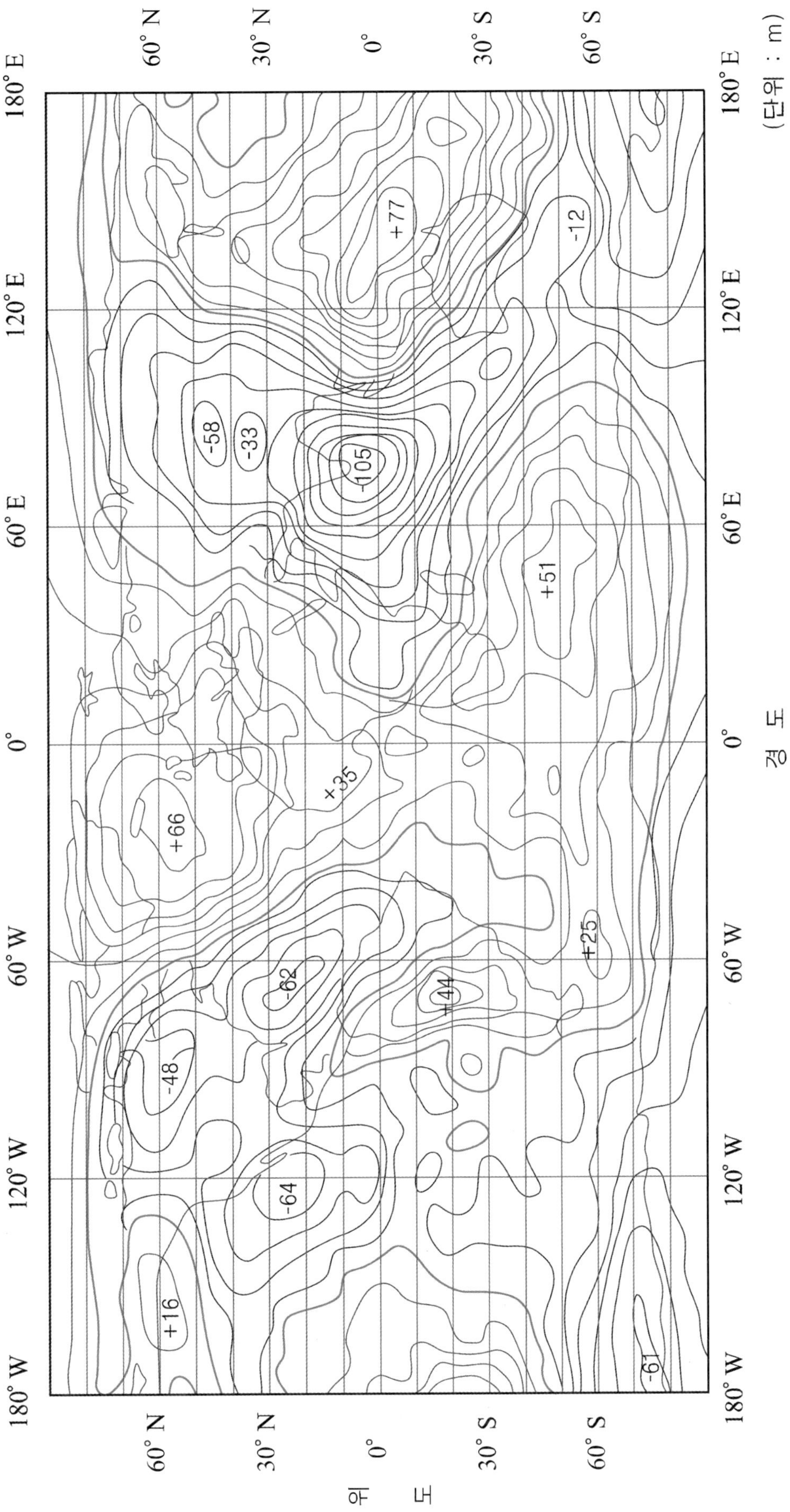

180° W
120° W
60° W
0°
60° E
120° E
180° E
60° N
30° N
0°
30° S
60° S
위 도
경 도
(단위 : m)
+16
-64
-48
-62
+44
+25
+66
+35
-58
-33
-105
+51
+77
-12
-61

[실험 4] 인공위성 궤적을 이용한 지구 질량 구하기

사전실험안내서

[읽고 생각해 보기]

1957년 소련에서 최초의 인공위성 스푸트니크를 쏘아 올린 지 50여 년이 지난 오늘날에는 인공위성을 이용한 지구 자원탐사, 환경탐사 등이 보편화되고 있다.

지구궤도는 기상위성, 통신위성, 우주정거장, 유인왕복선 등으로 꽉 채워져 있다고 해도 과언이 아닐 정도이며, 정지위성의 경우 각 나라에서 자리를 선점하려고 노력하고 있는 실정이다. 이 실험에서는 육안으로 관측이 가능한 인공위성의 궤적 사진을 이용하여 지구 질량을 구하는 방법에 대해 알아보자.

[탐구내용]

1. 천체 사진 촬영법 중 고정촬영법에 대하여 알아보고, 인공위성 궤적 사진을 얻기 위해서는 어떻게 해야 하는지 설명해 보자.
2. 케플러 제3법칙을 유도해 보고, 그 의미에 대해 설명해 보자.
3. 연주시차를 P(″), 지구공전궤도 반지름을 a(AU), 별까지의 거리를 r이라고 할 때, 별까지의 거리 r을 AU 단위와 pc 단위로 구하는 식을 직접 유도해 보자(반드시 그림을 그리고 단위 변환에 유의할 것).

[실험 설계]

▶ 인공위성을 관측하여 얻은 관측 값을 케플러 제3법칙에 대입하여 지구의 질량을 구하는 실험을 구상하고자 한다. 케플러 제3법칙을 이용하여 지구의 질량을 구하기 위해서 필요한 관측 값들에는 어떤 것들이 있으며, 그 실험 과정은 어떠한지 간략히 서술하시오.

[실험 응용]

1. 인공위성의 공전 원리에 대하여 알아보고, 정지 궤도 인공위성의 궤도 높이를 식을 세워 직접 구하여 보자.
2. 지표에서 육안으로 인공위성을 관측할 수 있는지 대하여, 인공위성의 궤도 높이, 눈의 한계등급 등을 고려하여 설명해 보자.
3. 이번 실험 외에도 지구 질량을 측정할 수 있는 방법에는 어떤 것들이 있는지 조사해 보자.

[실험 4] 인공위성 궤적을 이용한 지구 질량 구하기

실험안내서

제목	인공위성 궤적을 이용한 지구 질량 구하기	날짜	년 월 일
실험목표	지구의 질량을 구하는 다양한 방법 중에 인공위성의 사진 관측 자료를 이용하여 지구의 질량을 구하는 방법에 대하여 이해할 수 있다.		
준비물	자, 계산기, 투명용지		

1. 실험 방법 및 과정

※ 다음 [그림 1]은 거의 무한대의 거리에 있는 별들을 배경으로 하여 지구상에서 234 km 떨어진 두 지점에서 20초간 렌즈를 열었다 닫았다 하며 동시에 인공위성을 찍은 사진이다.

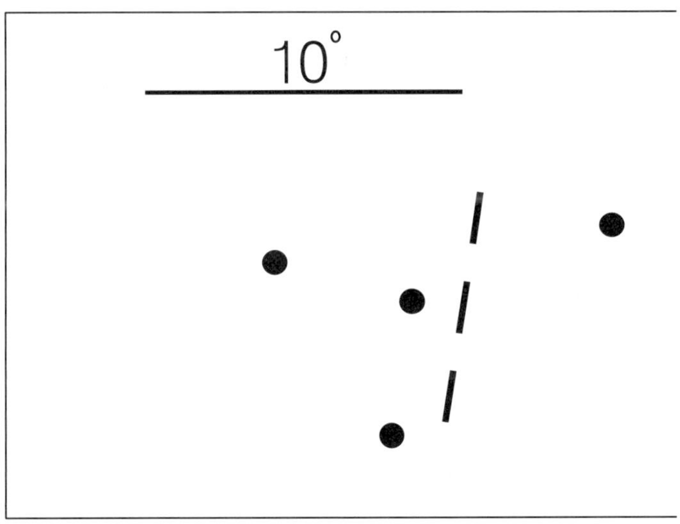

그림 1-(가)

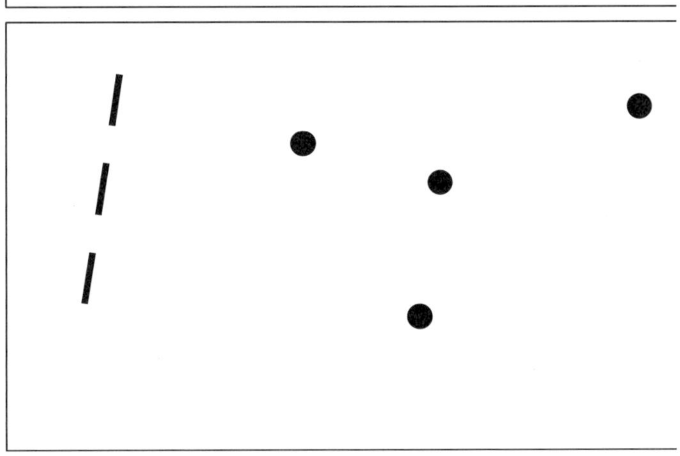

그림 1-(나)

(1) 여기서 10°의 각거리에 해당하는 길이 X_0를 잰다.

(2) 두 관측 지점에서 관측한 [그림 1]의 사진 (가), (나)에서 인공위성의 시차(P) 구하기

① 사진상 세 개의 구간으로 잘린 궤적 가운데 중앙 선분의 중심선이 배경을 이루는 별자리에 대해 어느 정도 어긋나 있는 거리(X_s)를 측정한다.

② 두 관측자가 인공위성을 볼 때의 사이 각 P를 구하는 식을 세워 구한다(hint, X_0, X_s를 이용).

P(°) =

(3) 인공위성의 고도를 [그림 2]와 같이 나타낸다면, 234 km(d_0라고 표시) 떨어진 위치에서 인공위성의 고도 h를 구하는 식을 세워 구한다(hint, $\frac{d_0}{2}$, $\frac{P}{2}$를 이용).

h(km) =

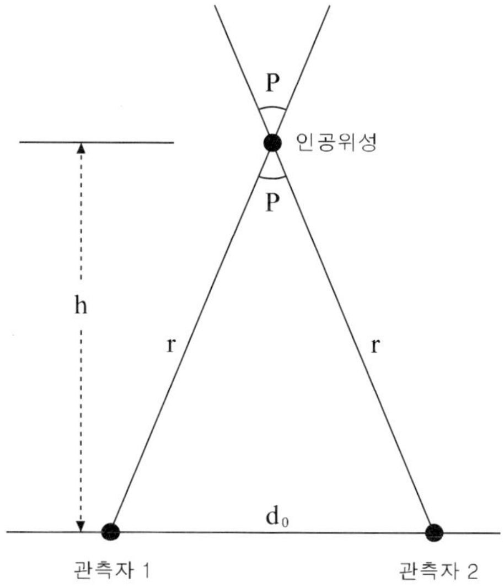

그림 2. 인공위성의 고도

(4) 인공위성 궤적의 장반경 a = (h + R)이므로 a 값을 구할 수 있다(여기서 R은 지구의 반경으로 6,370 km이다).

a(km) =

(5) 인공위성의 궤도 속도(V_s) 구하기

① 〈그림 1〉의 사진 (가)와 사진 (나)에서 20초간 인공위성이 이동한 평균 거리 X_a(cm)를 구한다.

② 다음에서 20초간 인공위성이 이동한 거리 X_d(cm)를 각거리로 변환하는 식을 이용하여, 20초간 움직인 각거리($a_d('')$)를 구한다.

$$a_d('') = 3.6 \times 10^4 \frac{X_d}{X_0}$$

③ 다음 그림 3을 보고 20초간 움직인 인공위성의 각거리($a_d('')$)를 이용하여 20초간 실제 인공위성이 움직인 거리(d_S)를 구하는 식을 세우고 그 값을 구한다.

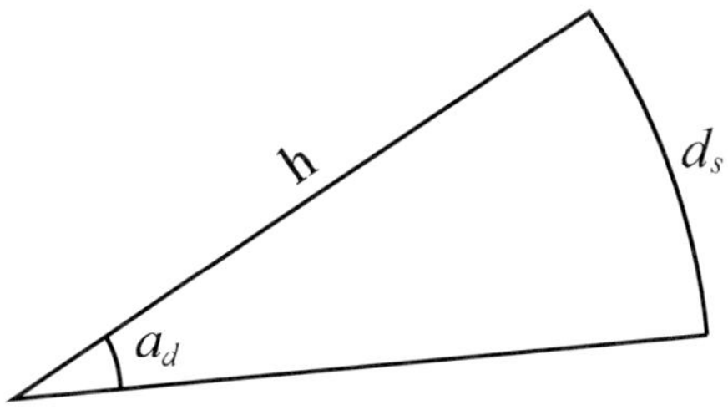

그림 3

d_S =

④ 인공위성의 속도는 다음 식으로부터 구할 수 있으며, t_S는 20.0초이다.

$$V_S = \frac{d_S}{t_S}$$

(6) 인공위성의 항성주기(sidereal period) P_S를 구하는 식을 세우고 값을 구한다(단, V_s, 원둘레 공식을 이용).

P_S(초) =

(7) 케플러의 조화의 법칙(harmonic law)을 이용하여 지구의 질량을 구한다.

M =

여기서 G($6.67 \times 10^{-11} Nm^2 kg^{-2}$)는 만유인력 상수임.

2. 결과 및 고찰

(1) 위의 실험에서 다음 물리량을 구한 식을 직접 구해 보자.

① 두 관측자가 인공위성을 볼 때의 사이각 P =

② 인공위성의 고도 h =

③ 인공위성이 20초 동안에 움직인 거리 d_S =

④ 인공위성의 항성주기(sidereal period) P_S =

⑤ 지구의 질량 M = (케플러 제3법칙)

(2) 위에서 구한 각 값들을 다음의 표에 기입한다(단위를 확실하게 명기할 것).

X_0	X_s	X_d	d_0	P	$\tan\frac{P}{2}$	h
a	a_d	d_s	V_s	P_s	M	

(3) 이 실험에 주어진 자료에서 보다 정확성 높은 결과를 얻기 위한 주의사항을 설명해 보자.

(4) 이 실험에서 사용한 가정들에는 어떤 것들이 있는지 논의해 보자.

(5) 이 실험에서 구한 질량과 잘 알려진 지구의 질량의 차이는 얼마나 되며, 그 차이의 원인은 무엇인지 설명해 보자.

3. 생각해 보기

(1) 지구 내부의 질량 분포를 알아내는 데 인공위성이 어떻게 이용될 수 있는지 정성적으로 설명해 보자.

(2) 지구를 구라고 가정했을 때, 지구의 평균 밀도는 얼마나 되는지 계산해 보자. 이를 지구표면의 밀도 2.7 g/cm^{3}와 비교했을 때, 지구 내부의 상태에 대해 어떠한 사실을 추측해 낼 수 있을까?

[실험 4] 인공위성 궤적을 이용한 지구 질량 구하기

실험참고자료

인공위성이 지구 주위를 타원궤도를 그리며 돌고 있기 때문에 두 지점에서 동시에 사진 관측을 하면 인공위성의 궤도 장반경과 주기(궤도 속도)를 알아낼 수 있다. 그리고 이들 자료를 통해 케플러 제3법칙을 적용하면 지구의 질량을 구할 수 있다.

1. '시차'에 대해 이해하기

- 관측자의 위치에서 본 천체의 방향과 어떤 표준점에서 본 천체의 방향과의 차이로서, 가까운 별까지의 거리 측정이나 삼각 측량에 이용
- 천체까지의 거리 측정에 이용

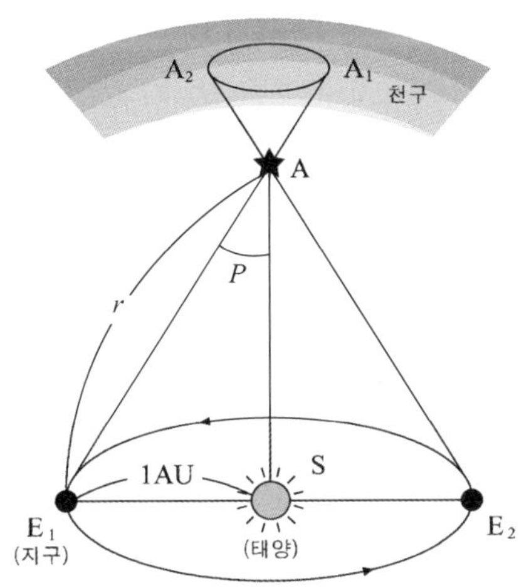

a = r · P (P : rad 단위)

$$1 \text{ rad} = \frac{180^\circ \times 3600''}{\pi}$$

$$(\because \ \pi \text{ rad} = 180^\circ \times 3600'')$$

$$\therefore \ 1 \text{ rad} = 206265''$$

- $r = \dfrac{a}{P(rad)}$ 이므로

a = 1AU와 별의 연주시차(″, 단위)를 다음 식에 대입하면 별까지의 거리를 계산할 수 있다.

$$r = \frac{a(AU)}{P('')\dfrac{1rad}{206265''}}$$

또한 AU 단위 외에 별까지의 거리를 pc으로 정의하면, 다시 말하자면 연주시차가 1″ 인 별까지의 거리는 1 pc이다.

$$\therefore\ \mathrm{r}(pc) = \frac{1}{P('')}\quad (1\mathrm{pc} = 206265\ \mathrm{AU})$$

2. 케플러 제3법칙(조화의 법칙) : 뉴턴의 운동 방정식을 이용한 유도

• 태양계 외부에서 태양계에 미치는 힘을 거의 무시하고 태양계 내의 모든 선형운동량은 일정하다고 가정한다면

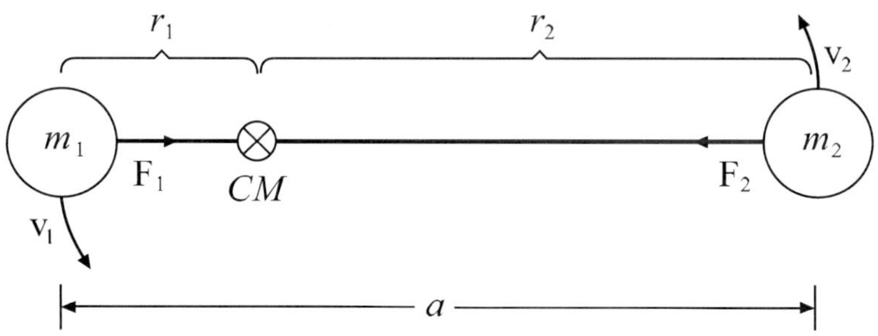

• m_1 m_2 정상 상태(정지 혹은 등속도 운동)의 질량 중심 둘레를 회전

• 중력은 서로의 중심을 잇는 직선상에서만 작용하므로 같은 주기 P로 한 바퀴를 돌아야 함

① 궤도의 구심력

$$F_1 = \frac{m_1 V_1^2}{r_1} = \frac{m_1}{r_1} \times \frac{4\pi^2 r_1^2}{P^2} = \frac{4\pi^2 m_1 r_1}{P^2}\quad (\because\quad v = \frac{2\pi r}{P}\ )$$

$$F_2 = \frac{m_2 V_2^2}{r_2} = \frac{m_2}{r_2} \times \frac{4\pi^2 r_2^2}{P^2} = \frac{4\pi^2 m_2 r_2}{P^2}$$

뉴턴의 제3법칙 작용 반작용 법칙에 의하면 $F_1 = F_2$이므로

$\therefore\ m_1 r_1 = m_2 r_2$ (보다 무거운 물체가 질량 중심에서 가까운 곳을 돌게 됨)

② 상대 궤적의 반지름 이용($a = r_1 + r_2$)

$r_2 = \dfrac{m_1}{m_2} \times r_1$에 대입하면 $r_1 = \dfrac{m_2}{m_1 + m_2} \times a$로 유도

③ 서로의 중력 = 구심력이므로 $F_G = F_1 = F_2$

$$\frac{Gm_1 m_2}{a^2} = \frac{4\pi^2 m_1 r_1}{P^2}\qquad (\ r_1 = \frac{m_2}{m_1 + m_2} \times a\ \text{이므로})$$

$$\frac{Gm_1 m_2}{a^2} = \frac{4\pi^2 m_1 r_1}{P^2} \times \frac{a m_2}{(m_1 + m_2)}$$

$$\therefore\ \frac{a^3}{P^2} = \frac{G(m_1 + m_2)}{4\pi^2}$$

[실험 5] 진앙 및 진원의 위치 결정

사전실험안내서

[읽고 생각해 보기]

지표면 근처나 지표의 아래에서 지진이 발생하면 각 관측소에 지진 기록이 기록된다. 이러한 기록 자료와 주시곡선을 이용하면 지진이 발생한 지점을 알아낼 수 있다.

이번 사전실험에서는 지진파란 무엇이며, 지진의 종류에 따른 특징은 무엇인지에 대해 알아보고자 한다.

[탐구내용]

1. 지진은 왜 발생하며, 지진파는 무엇인지 정리해 보자.
2. 지진파의 종류와 그 특성에 대해 조사하여 정리해 보자.
3. 지진파의 기록을 PS곡선으로 나타내기도 한다. PS곡선이란 무엇이며, 그 특징은 무엇인가?
4. 진앙과 진원의 차이점에 대해 설명해 보자.

[실험 설계]

동일 지진에 대해서 거리가 다른 세 관측소 A, B, C에서 기록된 PS곡선의 차이점과 그 차이점을 이용하여 진앙의 위치를 파악하는 실험 과정을 간단하게 설명해 보자.

[실험 응용]

1. 위 실험 설계에서 세 곳의 관측 자료를 이용하여 진원이 깊이를 알아내는 방법을 기하학적 작도법으로 구하여 보자.

2. 지진파의 종류에 따른 특성을 이용하면 지구 내부의 구조를 알아낼 수 있다. 그 이유를 간단하게 설명해 보자.

[실험 5] 진앙 및 진원의 위치 결정

실험안내서

제목	**진앙 및 진원의 위치 결정**	날짜	년 월 일
실험목표	· 지하에서 지진이 발생할 때 지진이 발생한 지점이 진원이며, 진원을 통과하는 수선이 지표면과 직각으로 만나는 점이 진앙임을 안다. · 지진 발생 시 여러 관측소에서 기록된 지진 기록 자료와 주시곡선을 이용하여 진원까지의 거리를 구하고, 기하학적 작도법으로 진앙의 위치 및 진원의 깊이를 구해 볼 수 있다.		
준비물	컴퍼스, 우리나라 전도(1:2,680,000)		

1. 실험 방법 및 과정

(1) 아래 그림은 우리나라 어느 지역에서 발생한 지진의 지진파를 세 지역의 관측소에서 기록한 것이다. 이 세 유형의 지진 기록계에서 각 지점의 PS시를 구해 보자.

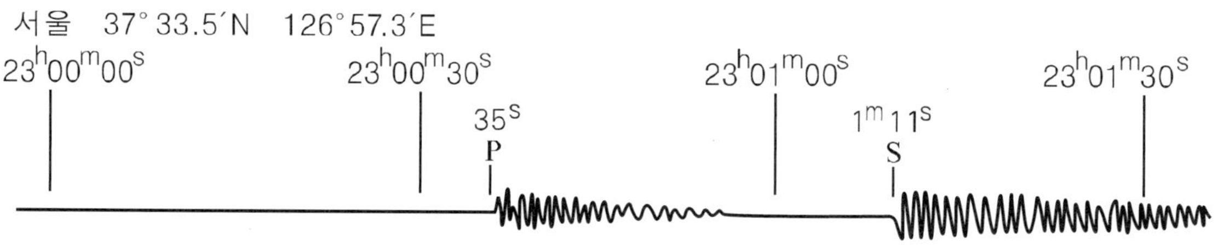

그림 1-(가)

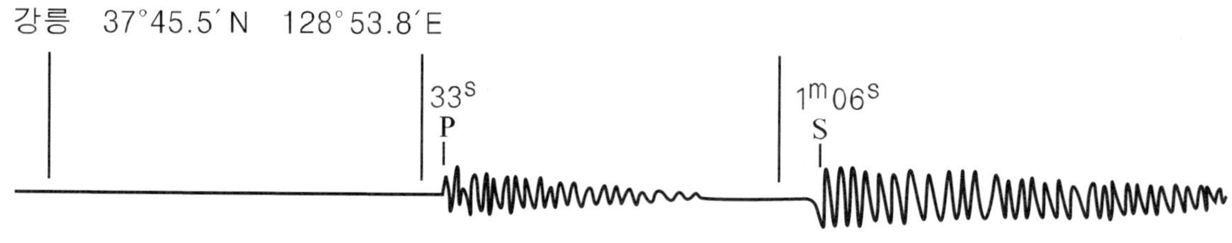

그림 1-(나)

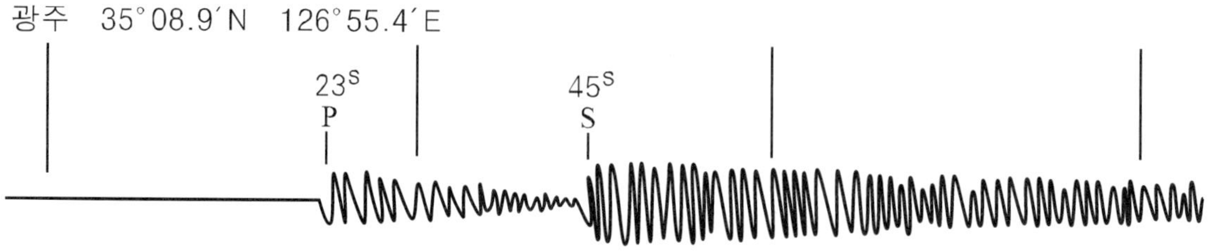

그림 1-(다)

(2) 각각 구한 세 개의 PS시와 주시곡선(강의록에 제공)을 이용하여 **진원까지의 거리**를 구해 보자.

- 진원까지의 거리가 너무 짧을 시에는 P파와 S파의 속도를 이용하여 구한다(V_P = 8km/s, V_S = 4km/s).

(3) 각 관측소의 위치를 우리나라 전도에 표시하고 전도의 축척에 맞추어 진원까지의 거리를 반지름으로 하는 세 개의 원을 그린다.

(4) 각 관측소를 중심으로 그린 원 세 개는 서로 겹치게 되는데, 이때 각 공통현의 교점으로 진앙의 위치를 정할 수 있다.

(5) 세 지점 ㄱ, ㄴ, ㄷ 중 임의의 한 점에서 진앙에 직선을 그어 진앙에서 이 직선에 직교하는 현을 그으면 이 현의 1/2이 진원의 깊이가 된다.

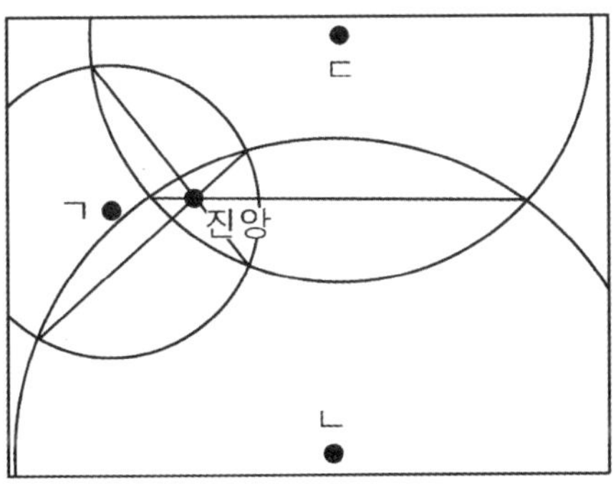

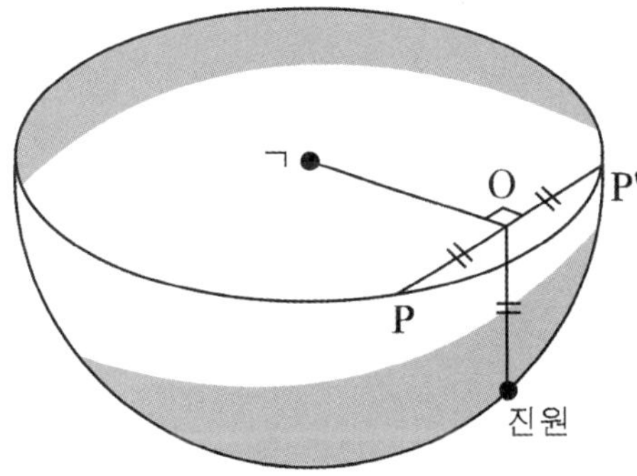

2. 실험상의 유의점

(1) 지진 기록 자료에서 PS시를 정확하게 구하여야 한다.

(2) 실을 사용하여 지구의에 원을 그려나갈 때, 실이 구부러지지 않도록 한다.

(3) 실험의 오차가 클 경우 세 개의 원호가 큰 삼각형을 이루거나 또는 만나지 않는 경우도 생긴다.

3. 결과 정리 및 토의

(1) 지진 기록 자료를 이용하여 아래의 표를 완성해 보자. 이때 우리나라 전도의 축척을 정확히 사용해야 하고, PS시를 정확하게 구해야 한다.

관측소 구분	P파 도착 시간 (시,분,초)	S파 도착 시간 (시,분,초)	PS시 (초)	진원까지의 거리(km)	전도상에서의 거리(cm)
서울					
강릉					
광주					

(2) 사용한 우리나라 전도의 축척은 얼마인가?

(3) 세 원이 공유하는 구역에서 진앙의 위치는 어느 곳인가(대략적인 지명이나 경·위도를 쓰시오)?

(4) 이 지진의 진원의 깊이는 몇 km인가?

(5) 같은 진앙거리라 할지라도 진원의 깊이에 따라 주시(PS) 시간이 달라지는 이유를 생각해 보자.

[실험 5] 진앙 및 진원의 위치 결정

실험참고자료

1. 지진의 원인과 발생

(1) **지진의 원인** : 판의 운동에 의해 유발된 응력

(2) **지진의 발생** : 암석이 힘을 받으면 힘은 암석 내에 축척되고 그 힘이 암석의 탄성한계를 넘게 되면 암석이 급격히 변형되면서 축척된 에너지가 파동 형태로 사방으로 전달됨. 이러한 파동에 의해 지구가 진동하는 현상을 지진이라고 함.

(3) **지진에 관한 용어**

① 진원 : 지진이 발생한 지점

② 진앙 : 지진의 진원에서 수직으로 지표와 만나는 지점

③ 지진파 : 지진의 발생시 진원을 중심으로 방출된 탄성에너지가 파동의 형태로 전파(=탄성파)되는 것

④ 지진의 종류 : 진원의 깊이에 따라 분류

⇨ 천발지진 : 70 km 이내 / 중발지진 : 70~300 km 사이 / 심발지진 : 300 km 이상

2. 지진파의 종류와 성질

(1) 지진파의 종류

① 실체파 : 지구 내부를 통과하는 파, 지구 내부 구조 파악 시 이용

② P파 : 매질의 입자들이 파의 진행 방향에 따라 압축과 신장을 하면서 진동하는 종파
고체와 액체 모두 통과

③ S파 : 매질의 입자들이 파의 진행 방향에 따라 직각 방향으로 진동하는 횡파
고체만 통과

④ 표면파 : 지구 표면의 외층을 따라 전파하는 파, 진폭은 깊이에 지수적으로 감소함

· 러브파(love, LQ, Q) : 매질의 입자는 파의 진행 방향을 포함한 수평면 상에서 진행 방향에 직각 방향으로 진동

· 레일리파(rayleigh, LR, R) : 매질의 입자는 파의 진행 방향을 포함한 수직면 내에서 타원을 그리면서 역행운동을 함

(2) 지진파의 속도

① 실체파의 속도는 주기에 관계없이 일정

② 표면파의 속도는 주기에 따라 달라지는 분산현상이 나타남.

(3) 지진파의 속도의 특징

① 진동수가 적을수록 파의 속도가 빠르게 나타나므로 관측점에 도달하는 파의 위상이 시간에 따라 다르게 나타남.

② 표면파의 속도를 주기의 함수로 나타낸 분산곡선을 얻을 수 있으며 이것을 이용하여 지각과 상부 맨틀의 속도 분포에 대한 많은 정보를 얻을 수 있음.

3. 지진의 기록

(1) 표준지진관측소(WWSSN)와 11개의 지진 지방관측소를 운영

(2) 지진계의 감지

① 지진 발생 전 : 대기의 교란 + 인공적인 소음 → 지진파 이외의 DATA 기록 : 미진동

② 지진 발생 후 : 첫 번째 감지 : P파

두 번째 감지 : S파

세 번째 감지 : 표면파(일반적으로 love파가 rayleigh파보다 먼저 기록)

③ 지진계 종류에 따라 지진파 감지

· P파와 레일리파 : 수직 성분의 지진계에서 잘 관측

· S파와 러브파 : 수평 성분의 지진계(남북&동서 성분)에서 잘 관측

4. 주시곡선과 속도 분포곡선

(1) 주시곡선 : 관측점에 도달하는 데 걸리는 시간과 진앙까지의 거리(각거리) 사이의 그래프

(2) PS시 : 관측지 기록에서 P파가 도착한 이후 S파가 도착할 때까지 걸리는 시간

(3) 진원과 관측 지점까지의 거리 파악에 이용

① 주시곡선을 이용 : PS시를 구하여 주시곡선상에서 해당하는 거리를 구함.

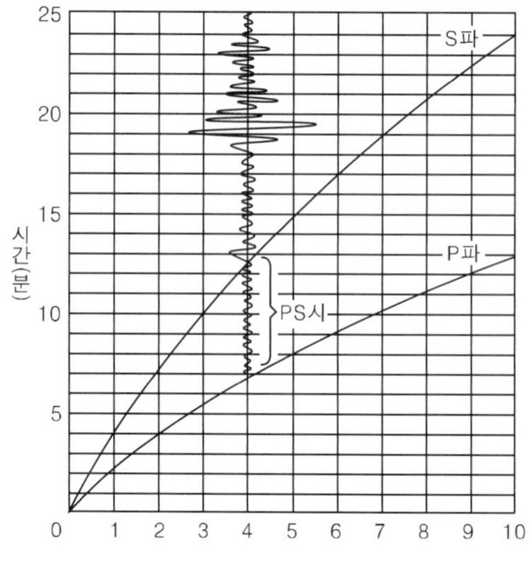

② P파와 S파의 속도를 이용

- 진원까지의 거리 구하기 : P파의 속도를 V_P , S파의 속도를 V_S , P파와 S파의 도달 시간차 PS(PS시)를 t, 진원까지의 거리 x(km)는

$$t = \frac{x}{V_S} - \frac{x}{V_P} = x\left(\frac{V_P - V_S}{V_S V_P}\right)$$

$$\therefore\ x = \frac{V_P V_S}{V_P - V_S}$$

P파와 S파의 속도를 8 km/s와 4 km/s로 하면 진원까지의 거리는 다음과 같음.

$$x = 8t$$

5. 진앙까지의 거리 구하기(진원의 위치 결정하기)

• 세 지점의 관측소에 기록된 지진 기록에서 구한 PS시로부터 진앙의 위치를 기하학적인 작도로서 구할 수 있음.

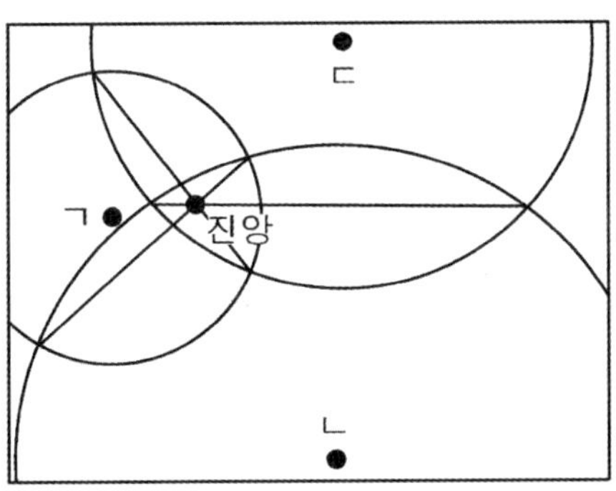

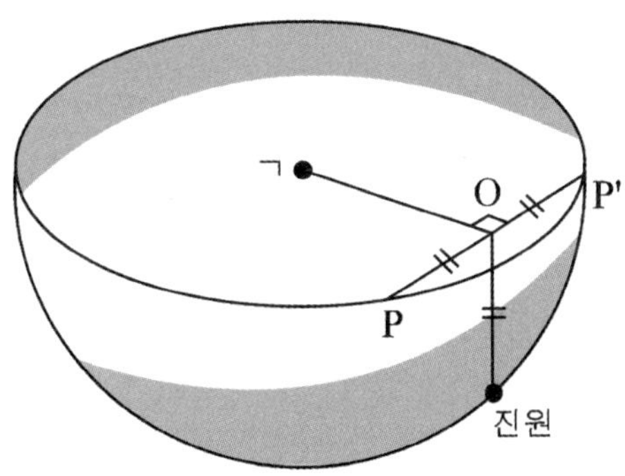

[실험 6] 지진파를 이용한 지각의 내부 구조 이해 및 두께 결정

사전실험안내서

[읽고 생각해 보기]

각 관측 지점에 도달하는 지진파의 도착 시간을 분석하면, 진앙과 관측점 사이의 지하 지각 구조를 밝히고, 더 나아가 지각의 두께를 계산할 수 있다.

지진 발생 시, 각 관측점에서 관측된 진앙과의 거리에 대한 P파의 도착 시간의 관계 그래프를 이용하여 지각의 두께를 결정하는 실험을 실시하도록 하며, 이에 앞서서 지진파를 이용하여 지구 내부 구조를 파악하는 사전 실험을 진행하도록 한다.

[탐구내용]

다음 [그림 1]은 지구 내부에서 지진파의 전파속도가 어떻게 변하는지를 보여 주는 그래프이다.

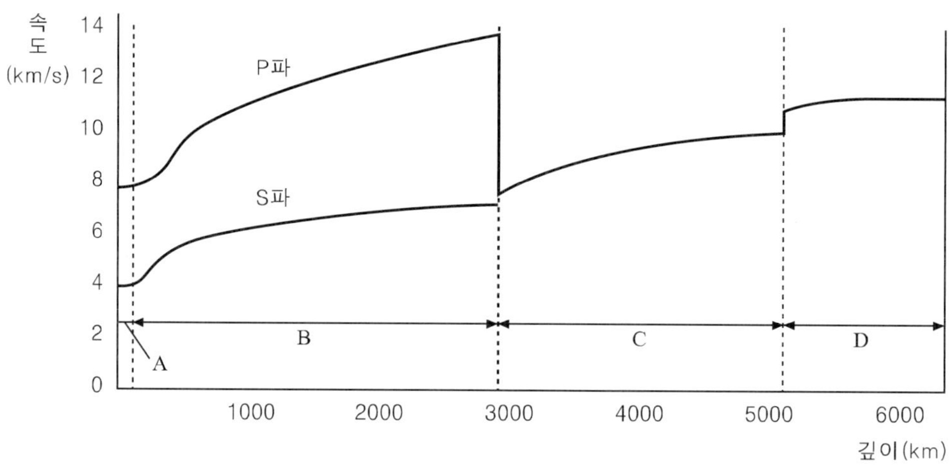

그림 1. 지구 내부에서의 지진파의 속도 변화

1. 지구 내부로 들어감에 따라 P파와 S파의 속도는 어떻게 변하는가?

지 진 파	속도 변화
P파	
S파	

2. 지진파의 속도가 갑자기 변하는 곳은 어디인가?

3. 지구 내부를 서로 성질이 다른 몇 개의 층으로 나눌 수 있는가? 만약 나눈다면 그 기준은 무엇인지 생각해 보고, 다음 표를 완성하여 보자.

층의 깊이	층 A와 B	층 B와 C	층 C와 D
대략적인 깊이(km)			

• S파가 통과하지 못하는 층은 어디인가? 또 S파가 통과하지 못하는 이유는 무엇인지 생각해 보자.

• 지구의 반경을 10 cm라고 할 때, 대략적인 지구의 내부 구조를 그려 보시오(지구 반경 6,400 km로 가정).

[실험 응용]

1. 지구의 내부 구조를 조사할 수 있는 다른 방법에 대해 생각해 보자.
2. 지구 내부의 각 층에 대하여 조사하여 보자.
3. 다음 [그림 2]는 지구 내부를 전파하는 실체파의 위상을 표시한 그림이다.

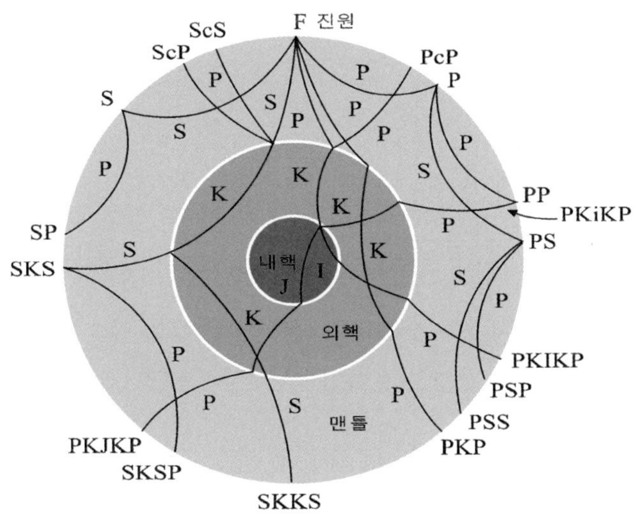

그림 2

위상 표시

· P파 중 외핵을 통과한 부분은 K, 내핵을 통과한 부분은 I, 내핵을 통과한 S파는 J로 표시 한다.

· 외핵과 내핵의 표면에 대하여 입사하여 반사하는 파는 입사파와 반사파의 기호 사이에 각각 c와 i를 붙인다.

· 지표, 외핵, 내핵의 표면에 대하여 안쪽으로부터 입사하여 반사하는 파는 입사파와 반사파의 기호를 나란히 붙인다.

(진원 F와 관측점 사이에서 반사되지 않고 직접 맨틀 내를 통과하여 관측점에 도달하는 파는 P파나 S파로 표시한다.)

위의 그림을 지구 내부 구조 및 구성 물질 등과 연관지어 설명해 보시오.

[실험 6] 지진파를 이용한 지각의 내부 구조 이해 및 두께 결정

실험안내서

제목	지진파를 이용한 지각의 내부 구조 이해 및 두께 결정	날짜	년 월 일
실험 목표	각 관측점에 도달하는 지진파의 도착 시각을 분석하여 진앙과 관측점 사이의 지하 지각 구조를 밝히고, 지각의 두께를 계산할 수 있다.		
준비물	지진 관측 자료, 그래프용지, 자, 색연필(빨간색, 파란색 1조), 전자계산기		

1. 실험 방법 및 과정

(1) 다음 〈표 1〉은 1984년 일본 나가노현 서부지방에서 발생한 지진의 각 관측점까지의 진앙 거리와 P파 도착 시각을 나타낸 것이다.

- 지진 발생 시각 : 1984년 9월 14일 8시 48분 49.4초
- 진원의 위치 : 북위 35.8°, 동경 137.6°, 진원 깊이 2 km
- 지진의 규모 : M = 6.8

표 1. 지진의 진앙 거리에 따른 P파의 도착 시각과 P파의 주행 시간

진앙 거리(km)	P파 도착 시각 (시:분:초)	P파의 주행 시간(초)
45.8	08:48:57.4	
59.8	08:49:0.28	
90.5	08:49:04.9	
109.3	08:49:08.5	
123.0	08:49:10.4	
138.7	08:49:16.0	
150.1	08:49:15.8	
188.6	08:49:19.9	
199.4	08:49:24.0	
201.7	08:49:22.4	
224.8	08:49:24.0	
239.4	08:49:27.0	
267.3	08:49:32.8	
284.2	08:49:31.4	
308.2	08:49:35.6	
337.5	08:49:39.1	
337.5	08:49:42.7	
366.7	08:49:46.2	
402.0	08:49:50.2	
446.4	08:49:52.9	

(2) 각 관측점에서의 지진 관측 자료인 〈표 1〉을 통하여 P파의 주행 시간을 세로축, 진앙 거리를 가로축으로 하여 그래프용지에 정확히 표시한다.

(3) 자료 분포에 가장 적합한 직선을 긋는다. 이러한 직선은 도중에 꺾여 기울기가 다른 2개의 직선으로 나타날 것이다. 이로부터 지각 부근의 구조를 추정한다.

2. 결과 정리 및 토의

(1) 각 관측점에서 P파의 주행 시간을 세로축, 진앙 거리를 가로축으로 하여 아래 용지에 나타내 보자.

(2) 관측 자료에 가장 잘 맞는 2개의 직선을 그려 지각 부근의 구조를 추정한다. 직선이 꺾이는 이유는 무엇인가?

(3) 주시 곡선 그래프로부터 직선이 꺾이는 점까지의 진앙 거리(X_0)와 P파의 도착 시각을 구해 보자.

(4) 진앙 거리 400 km인 곳에서의 P파 도착 시각은 얼마인가?

(5) 지각의 두께가 일정하다고 가정할 경우, 그래프에서 지각을 통과해 가는 P파의 속도(V_1, km/s)는 얼마인가?

(6) 맨틀 상부를 전파해 가는 P파의 속도(V_2, km/s)는 얼마인가?

(7) 위의 자료를 이용하여 지각의 두께(모호로비치치 불연속면까지의 깊이)를 구해 보자.

3. 생각해 볼 점

(1) 위의 실험에서 P파의 속도를 일정하게 한 직선으로 나타낼 때 가정한 사실은 무엇인가?

(2) 계산된 지각의 두께를 인근 지역의 대륙 지각이나 해양 지각의 값과 비교하여 그 특징에 대해 생각해 보자.

(3) 앞에서 그린 그래프에서 지각을 통과해 가는 P파의 속도를 V_1, 맨틀 상부를 통과해 가는 P파의 속도를 V_2, 두 직선이 만나는 거리를 X_0라고 할 때 지각의 두께 D_1이 유도됨을 증명하시오.

$$D_1 = \frac{X_0}{2}\sqrt{\frac{v_2 - v_1}{v_2 + v_1}}$$

[실험 6] 지진파를 이용한 지각의 내부 구조 이해 및 두께 결정

실험참고자료

1. 지진파의 속도와 지각의 두께 구하기

▸ 지진파(P파)의 속도가 V_1, V_2($V_2 > V_1$)인 두 개의 균일한 수평층(제1층과 제2층을 고려)

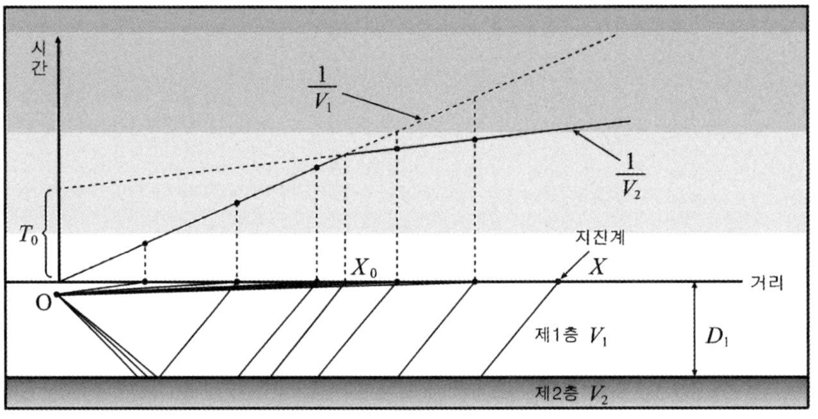

▸ 진원으로부터 가까울수록 제1층을 직접 전파해 온 파가 먼저 도착

$$T = \frac{X}{V_1}$$

▸ 진원으로부터 거리가 X_0 이상의 경우 제2층의 경계면의 임계각으로 입사, 굴절하여 제2층의 표면에 연하여 수평으로 전파하다가 다시 임계각으로 지표로 나오는 파가 먼저 도착

$$T = \frac{X}{V_2} + \frac{2D_1\sqrt{V_2^2 - V_1^2}}{V_1 V_2}$$

▸ T_0의 파악이 이루어진다면(기울기가 $\frac{1}{V_2}$인 직선의 y절편)

$$D_1 = V_1 V_2 \frac{T_0}{2\sqrt{V_2^2 - V_1^2}}$$

▸ X_0의 파악이 이루어진다면(X_0에서 두 개 직선이 교차하므로)

$$D_1 = \frac{X_0}{2}\sqrt{\frac{V_2 - V_1}{V_2 + V_1}}$$

2. 지진파를 이용한 지구 내부 구조 이해하기

▸ 지구 내부에서 지진파의 전파 속도가 어떻게 변하는지를 보여 주는 그래프

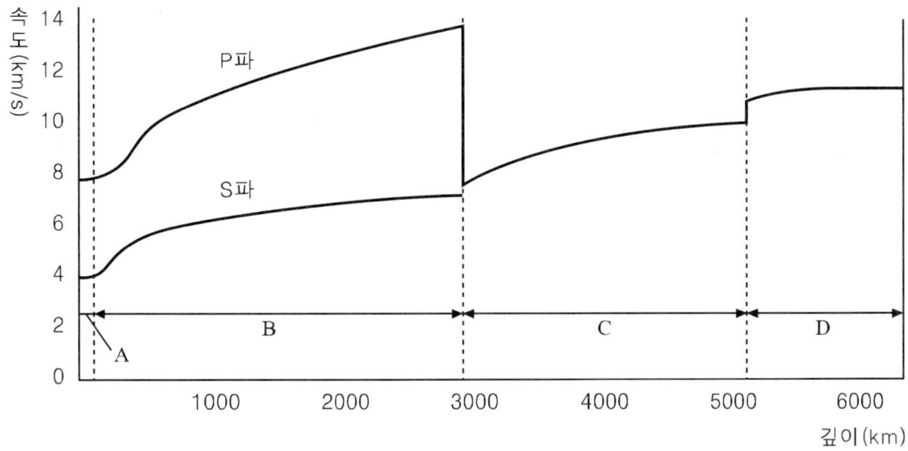

▸ 지구 내부를 전파하는 실체파의 위상 표시

(진원 F와 관측점 사이에서 반사되지 않고 직접 맨틀 내를 통과하여 관측점에 도달하는 파는 P파나 S파로 표시한다.)

- P파 중 외핵을 통과한 부분은 K, 내핵을 통과한 부분은 I, 내핵을 통과한 S파는 J로 표시한다.
- 외핵과 내핵의 표면에 대하여 입사하여 반사하는 파는 입사파와 반사파의 기호 사이에 각각 c와 i를 붙인다.

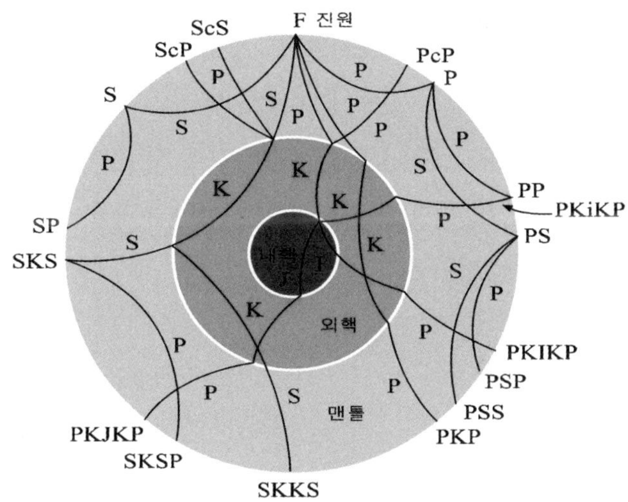

- 지표, 외핵, 내핵의 표면에 대하여 안쪽으로부터 입사하여 반사하는 파는 입사파와 반사파의 기호를 나란히 붙인다.

[실험 7] 광물의 관찰 및 분류(광물의 성질)

사전실험안내서

[읽고 생각해 보기]

지각을 구성하고 있는 암석은 천연산 무기물의 고체인 광물로 이루어져 있다. 광물은 그 내부 구조가 균일하고, 일정한 화학조성을 가지므로 그들 나름대로의 고유한 물리적·화학적·광학적 성질을 가지게 된다. 이러한 성질을 자세히 관찰함으로써 광물의 동정이 가능하게 된다.

이번 사전 실험에서는 광물의 물리적·화학적 여러 성질을 이해하도록 한다.

[탐구내용]

1. 광물의 정의에 대해 조사하여 정리해 보자.
2. 광물의 물리적·화학적 특징에는 어떤 것이 있으며, 지각의 대부분을 구성하고 있는 조암광물의 특징은 무엇인지 정리해 보자.

[실험 설계]

1. [탐구내용]에서 정리된 각 조암광물의 물리적·화학적 특징을 이용하여 다음 제시된 광물의 분류 실험 설계도를 작성하시오.

광물 분류를 위한 실험 설계도 작성 [예시]

- ▸분류 광물 : 석영, 방해석, 각섬석
- ▸실험 방법 : 묽은 염산과의 반응 여부, 쪼개짐 유무
- ▸실험 설계

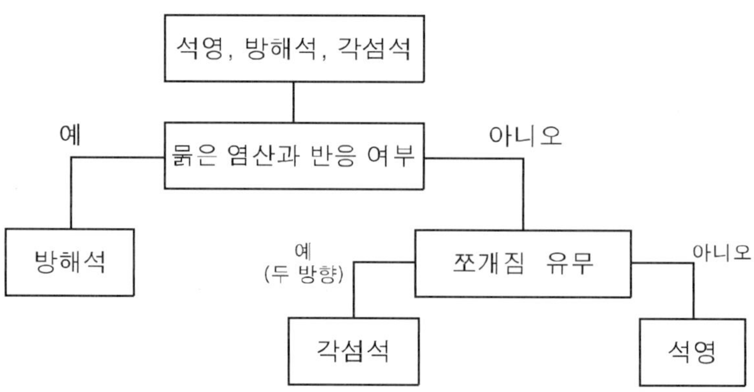

2. 위와 같은 방법으로 아래의 광물들을 각각 분류하고자 할 때, 실험 설계도를 작성하시오(단, 주어진 실험방법은 한 번씩만 이용함).

▸분류 광물 : 석영, 흑운모, 장석, 감람석, 방해석

▸실험 방법 :

실험 방법 1	광물의 색(유색·무색)을 관찰
실험 방법 2	광물의 쪼개짐 유·무를 관찰
실험 방법 3	염산과의 반응 여부 관찰
실험 방법 4	모스 굳기계를 이용한 상대적 굳기 관찰

▸실험 설계

[실험 응용]

1. 광물의 물리적·화학적 특징 외에 광학적 특징에는 어떤 것이 있는지 조사하여 정리해 보자.

[실험 7] 광물의 관찰 및 분류(광물의 성질)

실험안내서

제목	**광물의 관찰 및 분류(광물의 성질)**	날짜	년 월 일
실험목표	· 광물의 고유한 성질과 간단한 성질을 관찰하고 설명할 수 있다. · 광물의 물리적 성질과 간단한 화학적 성질을 이용하여 광물을 구별할 수 있다.		
준비물	광물 표본(석영, 장석, 방해석, 운모, 황철석, 황동석, 자철석, 형석 등), 모스 경도계 1, 조흔판, 망치 1, 자석 1, 칼 1, 유리판 1, 확대경 1, 동전(10원) 1, 묽은 염산, 스포이트, 광물 분류표		

1. 실험 방법 및 과정

(1) 광물의 물리적·화학적 특징을 조사·관찰한다.

① 광물의 색을 관찰한다.

② 광물의 신선한 면을 밝은 곳에 놓고, 빛이 반사될 때 광택을 관찰한다.

③ 광물을 조흔판에 그어서 조흔색을 관찰한다.

④ 광물을 통해 어떤 물체가 보이는지 투명도를 알아본다.

⑤ 모스 경도계로 광물과 손톱, 동전, 칼, 유리 등의 굳기를 측정하여 굳기의 정도를 결정한다.

- 굳기 : 손톱(2.5), 동전(3), 칼(5.5이하), 유리(5.5 이상)

⑥ 광물에 충격을 주어 쪼개짐의 유무와 깨짐을 판단한다.

⑦ 광물 표면에 묽은 염산을 1~2방울 떨어뜨려 반응의 유무를 판단한다.

(2) 광물 분류표를 이용하여 광물명을 결정한다.

2. 결과 정리 및 토의

(1) 광물 표본을 관찰한 결과와 광물명을 결정하여 다음 페이지의 〈표 1〉에 기록한다.

(2) 염산과 반응을 일으키는 광물은 어느 것인가? 그 반응 과정을 화학식으로 설명해 보자.

(3) 방해석과 석영을 구분하고자 할 때 이용될 수 있는 물리적·화학적인 특징에는 어떤 것이 있는가?

광물명	결정형	굳기	쪼개짐	깨짐	염산과의 반응 여부
방해석					
석 영					

(4) 보석을 감정하는 데 이용되는 물리적 성질에는 어떤 것이 있는지 조사해 보자.

(5) 광물을 구별할 때 실험에서 관찰한 성질 이외의 다른 좋은 방법이 있으면 제시하고, 예를 들어 설명하여 보시오(**관찰 가능한 특징만 기입하면 됨**).

표 1. 광물의 관찰 기록표

광물 번호	색깔	광택	투명도	굳기	쪼개짐	깨짐	조흔색	염산반응	기타	광물명

3. 생각해 볼 점

광물의 쪼개짐과 깨짐은 어떻게 다른지 설명해 보자. 또한 쪼개짐과 깨짐은 광물의 구조와 어떤 관련이 있는지 설명해 보자.

실험참고자료

1. 지각의 구성 성분

(1) 지각 8대 원소 : 지각을 구성하는 원소 종류는 약 92종으로, 이 중 중량비 2.0% 이상인 것은 O, Si, Al, Fe, Ca, Na, K, Mg 등 8개의 원소뿐이다.

(2) 지각을 이루는 대부분의 광물은 이러한 8대 원소로 이루어졌다고 할 수 있다.

2. 광물(mineral)의 정의 : **광물**이란 **천연산**이고 **무기적**으로 생성된 **고체**로서 **일정한 화학조성**과 **일정한 결정구조**를 가지고 있는 물질이다.

a. '천연산'이란 인공적으로 만든 것은 제외한다는 것으로, 인공적인 다이아몬드는 엄밀히 광물이 아님.

b. '무기적'이란 뜻은 동물이나 식물에 의하여 직접적으로 생성된 것은 광물이 될 수 없다는 것으로 조개껍질은 화학적·물리적으로 방해석과 유사하지만 엄밀한 의미에서 광물이 아님.

c. '균질한 고체'는 어떠한 물리적 방법에 의해서도 더 간단한 화합물로 분리할 수 없는 한 가지 종류의 물질로 구성된 단일 고체상이어야 한다는 것임(예외, 수은).

d. '일정한 화학조성'이란 말은 광물은 화합물이며 그 화합물은 일정한 화학식으로 나타낼 수 있도록 구성 성분들이 일정한 비율로 결합되어 있어야 한다는 것을 의미함.

e. '일정한 결정구조'라는 것은 광물은 결정질이어야 한다는 의미임. 즉 광물을 구성하고 있는 원자들이 어떤 규칙성에 따라 공간적으로 배열되어야 한다는 것임.

예외) 석탄(유기물의 고체), 수은(액체), 석유(유기물의 액체), 천연가스(기체) 등 준광물

3. 광물의 종류 광물을 구성하는 기본 단위인 구성 원소의 종류에 따른 분류

원소광물	한 종류의 원소로 된 광물		금(AU), 황(S), 금강석(C)
화합물 광물	규산염 광물	Si와 O 원소를 동시에 갖고 있는 광물	사장석, 정장석, 감람석, 휘석, 각섬석, 흑운모, 석영
	탄산염 광물	탄산기를 가지고 있는 광물 염산과 반응 이산화탄소 기체 발생	방해석($CaCO_3$), 능철석($FeCO_3$), 마그네사이트($MgCO_3$)
	황산염 광물	황산기(SO_4^{2-})를 가지는 광물	석고, 중정석
	황화 광물	황화기(S^{2-})를 가지는 광물	방연석, 황동석, 황철석, 진사
	산화 광물	산화기(O^{2-})를 가지는 광물	적철석, 강옥
	할로겐화 광물	할로겐 원소를 가지는 광물	암염, 형석

4. 광물의 성질

광물이 감정에 흔히 이용되는 물리적 성질과 화학적 성질은 다음과 같다.

(1) 결정형

광물이 성장할 때 성장에 방해를 받지 않은 경우 광물마다 독특한 외형을 가지게 되는데 이를 결정이라 하고, 이들이 이룬 외형을 결정형이라고 한다. 결정형은 광물의 분류에 중요하지만 모든 광물이 그들의 외형을 간직하는 경우는 많지 않다.

예) 수정 결정 : 육각기둥 모양, 장석 : 두꺼운 판 모양, 운모 : 비늘 모양, 방해석 : 능면체 모양

(2) 색

광물의 성질 중 가장 눈에 띄는 성질인 색은 가시광선 중 어느 파장의 빛을 흡수하고 반사하느냐에 따라 달라진다. 광물이 색을 띠는 원인은 다양하지만, 대표적인 원인은 화학조성과 결정구조, 불순물, 물리적 효과 등에 의한 것이다. 광물의 색 중 순수한 광물에 의한 색을 자색, 광물 속에 포함된 불순물이나 결합구조에 의한 색을 타색이라고 한다.

예) 석영 : 자색(투명), 타색(미량의 Fe이 섞이면 자색, 미량의 Mn이 섞이면 장미색 혹은 흑색)

(3) 조흔색

조흔색은 광물 분말의 색으로 광물을 초벌구이 자기판인 조흔판에 문질렀을 때 나타난 색으로 판단한다. 조흔판의 굳기는 약 7이므로 조흔판보다 굳기가 더 큰 광물에 적용하기는 곤란하다. 조흔색은 비금속 광물보다는 자색이 유사한 금속 광물을 구별하는 데 효과적이다.

예)

광물	자색	조흔색
자연금	황색	연황색
황철석	연황색	흑색
황동석	진한 황색	녹흑색
자철석	흑색	흑색
적철석	회흑색	적갈색
갈철석	암갈색	황갈색

(4) 광택

광택은 광물의 표면에서 빛을 반사할 때 우리 눈에 비치는 빛의 강도와 같은 느낌을 말한다. 광택에는 금속광택과 비금속광택이 있다.

① 금속광택 : 불투명 광물이 보여 주는 반짝이는 광택

② 비금속광택 : 비금속 광물에서 관찰할 수 있는 것으로 일반적으로 무색이나 엷은 색을 띠고 약간 투명한 광물에서 흔히 관찰됨. 금강광택, 유리광택, 진주광택 등

(5) 투명도

투명도는 광물에 빛이 통과하는 정도를 말하며, 투명, 영롱, 불투명으로 구분한다. 투명은 광물을 통하여 뒤에 있는 사물의 윤곽이 완전히 보이는 것이고, 영롱은 빛은 통과하나 그 뒤쪽의 물체가 보이지 않는 경우이며, 불투명은 광물이 아무리 얇아도 빛이 통과하지 않는 광물이다.

(6) 쪼개짐(벽개)

광물에 물리적 충격을 가하였을 때, 일정한 방향으로 갈라지는 성질로서 광물을 구성하는 원자들의 배열 상태, 즉 결정구조에 따라 다르게 나타난다. 쪼개짐은 쪼개진 면이 나타나는 정도에 따라 탁월, 완전, 양호, 명료, 불투명 등으로 구분된다.

예)

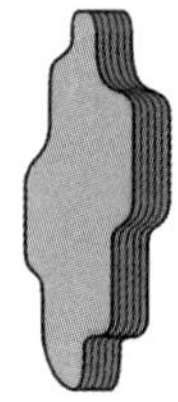	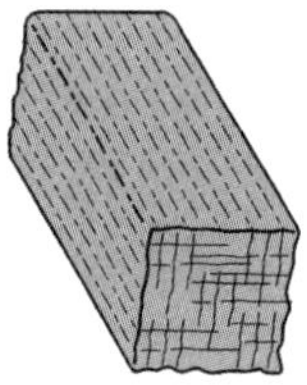	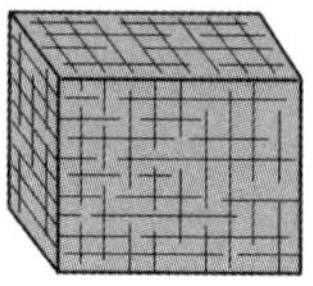	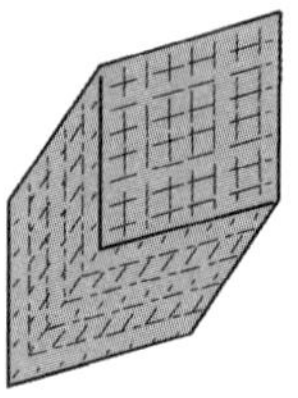	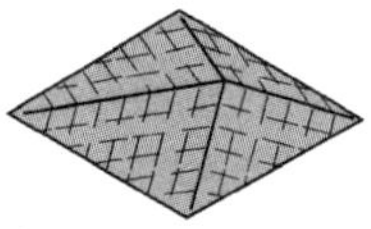
1방향	2방향	3방향(직각)	3방향	4방향
운모	정장석, 휘석	암염	방해석	금강석

(7) 깨짐

쪼개짐이 없는 광물이 물리적 충격을 받아 깨어지는 모양을 깨짐이라고 한다. 깨짐은 깨진 면의 모양에 따라 패각상, 평탄, 불평탄, 침상, 섬유상, 토상 등으로 구분한다.

(8) 굳기

- 광물의 단단한 정도를 광물의 굳기라고 부른다. 광물의 굳기는 광물을 구성하는 원소의 화학적 결합력에 따라 좌우되는 성질 중의 하나로 결합력이 강할수록 광물이 더욱 단단해진다. 또한 광물의 굳기는 원자의 크기, 전하량 및 압착되는 정도에 따라 달라진다. 광물의 굳기는 원자의 크기가 작고 전하량이 크며 원자 간의 거리가 가까울수록 더 단단하다.
- 단단한 정도, 주로 모스 굳기계를 사용, 광물의 상대적 단단한 굳기
- 활석, 석영, 방해석, 형석, 인회석, 정장석, 석영, 황옥, 강옥, 금강석
- 손톱(2.5), 못(4.5), 유리(5.5), 칼날(6.5)

(9) 염산과의 반응

염산과 반응하여 이산화탄소 거품을 발생시키는 것으로 탄산염 광물을 판별할 수 있다.

※ 이 외의 물리적 성질은 각자 찾아볼 것(생각해 보기).

[첨부자료]

광물 분류표(H : 모스 경도계, S.G. : 비중)

1. 금속 광택을 가지는 광물의 분류표

굳기	조흔색	특징	광물명
유리보다 단단함	검은색	검은색, 자성, H = 6, S.G. = 5.2	자철석
	검은색	황색, H = 6, S.G. = 5.2 정육면체 결정이 집합체로 산출	황철석
	적색	회색 ~ 적갈색, H = 5 ~ 6, S.G. = 5	적철석
유리보다 무름	녹흑색	황색, H = 4, S.G. = 4.2 , 괴상으로 산출	황동석
	흑회색	은회색, H = 4, S.G. = 7.6 매우 무거움, 직각 3방향의 쪼개짐	방연석
	황갈색	황갈색 ~ 암각색, 굳기가 다양(H = 1 ~ 6), S.G. = 3.5, 둥글둥글한 괴상으로 산출, 토상 광택	갈철석
손톱보다 무름	흑회색	은회색, H = 1, S.G. = 2.2, 판상 결정, 미끈미끈함	흑연

2. 비금속 광택을 가지는 광물의 분류표

색	굳기	쪼개짐	특징	광물명
어두운 색	유리보다 단단함	뚜렷함	갈색 ~ 녹흑색, H = 5 ~ 6, S.G. = 3.4 직각 2방향의 쪼개짐	휘석
			흑색 ~ 녹흑색, H = 5 ~ 6, S.G. = 3.2 60°와 120° 각도를 가지는 2방향의 쪼개짐	각섬석
		뚜렷하지 않음	회색 ~ 갈색, H = 9, S.G. = 4, 육각기둥 모양	강옥
			밝은 녹색, H = 6.5 ~ 7, 작은 유리구슬 모양	감람석
	유리보다 무름	뚜렷함	암갈색 ~ 흑색, H = 2.5 ~ 3 한 방향의 쪼개짐이 탁월, 탄성	흑운모
		없음	보통 갈색이나 녹색으로 변색 H = 2.5, S.G. = 9, 괴상으로 산출	자연동
밝은 색	유리보다 단단함	뚜렷함	살색 ~ 밝은회색, H = 6, S.G. = 2.6 직각 2방향의 쪼개짐	사장석 정장석
		없음	무색, 백색, 보라색, 청색, H = 7, S.G. = 2.65, 패각상 깨짐, 유리광택	석영
	유리보다 무름	뚜렷함	흰색, 황색, 무색, H = 3, 75° 각도의 3방향 쪼개짐(능면체), 염산과 반응	방해석
			흰색 ~ 무색, H = 2.5, 직각 3방향의 쪼개짐, 짠맛	암염
			황색, 보라색, 복색, 무색, H = 4, 흰색의 조흔색, 반투명 ~ 투명, 4방향의 쪼개짐	형석
	손톱보다 무름	뚜렷함	무색, H = 2 ~ 2.5, 1방향의 쪼개짐이 탁월, 투명하고 탄성이 있는 판상 결정	백운모
			투명한 흰색, H = 2, 탄성은 없고 휘어지는 판상 결정	석고
		뚜렷하지 않음	흰색, 분홍색, 녹색, H = 1 ~ 2, 진주광택 얇고 길쭉한 모양, 비누 같은 촉감	활석
			황색, H = 1 ~ 2.5, 유황 냄새	황
			녹색, H = 2.5, 섬유상 결정	석면

[실험 8] 규산염 광물의 구조

사전실험안내서

[읽고 생각해 보기]

지각을 구성하고 있는 암석의 기본 단위인 광물은 현재까지 보고된 것만 해도 2,800여 종에 달한다. 이러한 광물 중 가장 많은 양을 차지하고 있는 것이 바로 규산염 광물로서, 우리가 잘 알고 있는 석영, 사장석, 정장석, 흑운모, 휘석, 각섬석, 감람석 등이 모두 여기에 속한다.

광물의 형태는 광물을 구성하고 있는 원자들의 내부 배열 상태에 따라 결정되는데, 이번 실험에서는 이러한 규산염 광물들의 결정구조를 파악하여 지각 구성 물질의 특징을 알아보고자 한다.

[탐구내용]

1. 암석을 구성하고 있는 광물의 종류에는 어떤 것이 있으며, 그 특징은 무엇인지 조사하여 정리해 보자.

2. 규산염 광물에 속하는 석영, 사장석, 정장석, 흑운모, 휘석, 각섬석, 감람석 등의 광물들의 물리적 성질에 대해 조사하여 정리해 보자.

[실험 설계]

규산염 광물을 이루는 원자들은 무엇이며, 어떤 내부 구조를 이루고 있는지 규산염 광물 결합 구조도를 조사해 보고, 이를 스티로폼 구, 연결막대 등으로 모형화하는 실험 방안에 대해 쓰시오.

[실험 응용]

스티로폼 구와 연결막대를 이용하여 암염의 내부 구조를 재현해 보고, 암염의 특징에 대해 설명해 보자.

[실험 8] 규산염 광물의 구조

실험안내서

제목	**규산염 광물의 구조**	날짜	년 월 일
실험목표	· 규산염 광물의 구조가 SiO_4 사면체 구조임을 안다. · 규산염 광물의 결정구조를 만들 수 있다.		
준비물	스티로폼 구, 연결막대, 규산염 광물의 결합구조도		

1. 실험 방법 및 과정

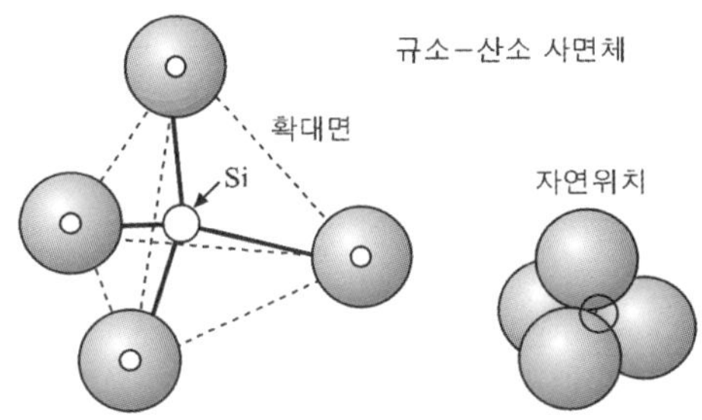

(1) 큰 스티로폼 구 4개와 가장 작은 스티로폼 구 1개를 사용하여 규산염 광물의 기본 구조인 SiO_4 사면체를 만들어 보자.

(2) **규산염 광물의 결합구조(69쪽 첨부 자료)**를 참고하여, 규소 원자가 산소 원자를 공유하는 비율이 높아지도록 SiO_4 사면체를 결합시켜 보자.

2. 실험상의 유의점

(1) 연결막대를 적절히 사용하여 떨어지지 않도록 한다.

(2) 연결막대에 손이 다치지 않도록 한다.

(3) SiO_4 사면체의 모형을 서로 연결할 때, 여러 가지 규칙적인 형태를 이룰 수 있도록 연결한다.

3. 결과 정리 및 토의

(1) 각 SiO_4 사면체 결합구조의 **구조식과 규소와 산소의 결합비**(Si : O), **공유산소의 개수**는 각각 얼마인가?

	독립 사면체상	복사면체형	환상 구조형	단쇄상 구조	복쇄상 구조	층상구조	입체 망상형
구조식							
Si : O							
공유산소 수							

(2) 지각에 가장 풍부한 원소 두 가지는 무엇이며, 이 원소들에 의해 지각의 대부분을 구성하고 있는 광물 및 암석은 무엇이겠는가?

(3) 광물을 구성하고 있는 원소들의 결합 구조와 관계 있는 광물의 물리적 성질은 무엇이며, 그 관계는 어떠한지 설명해 보자.

(4) 운모가 판상으로 잘 쪼개지는 성질이 나타나는 원인을 광물의 내부 원자 배열과의 관계로 설명해 보자.

(5) 규산염 광물의 내부 원자 배열 상태와 마그마로부터 정출되는 순서 관계를 설명해 보자.

4. 생각해 보기

(1) 규산염 광물의 기본 구조가 SiO_4 사면체인 이유는 무엇인가?

(2) 보엔의 반응 계열에서 각 광물의 구조 변화를 정리해 보자.

(3) 각 구조 모형에서 이온들의 전하량을 따져 보고 어떻게 안정한 광물로 존재하는지 알아보자.

[첨부자료]

SiO_4 사면체의 결합구조도

구분	네소(neso) 규산염	소로(soro) 규산염	사이크로(cyclo) 규산염			이노(ino) 규산염		필로(phyllo) 규산염	텍토(tecto) 규산염
구조형	독립 사면체형	복사면체형	환상 구조			(쇄상)형		층상 구조	입체 망상형
			3각 환형	4각 환형	6각 환형	단쇄상 구조	복쇄상 구조		
구조식	$(SO_4)^{4-}$								SiO_2
Si : O									1:2
공유 산소									4
(SiO_4) 사면체의 배열	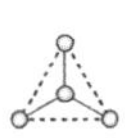	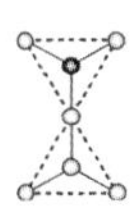	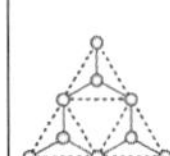		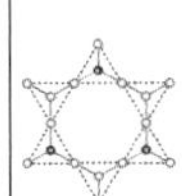	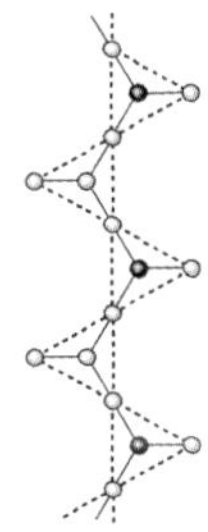	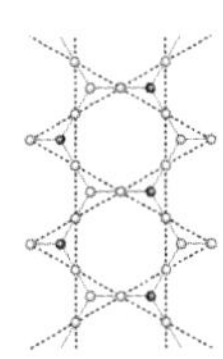	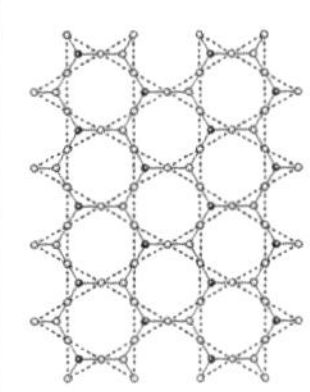	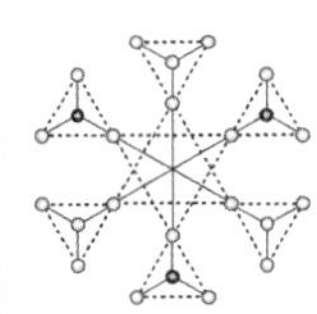
광물	감람석	메릴라이트 아국속	베니토아이트	어안석	녹주석 전기석 근청석	투휘석 규회석	투각섬석 엔토필라이트	활석 카올리나이트 백운모 흑운모	석영 정장석 네펠린 아날사이트

실험참고자료

규산염 광물(조암광물)의 구조

1. 조암광물의 92%는 규산염 광물이며 사면체 결합구를 지님
2. 주요 조암광물(모두 규산염 광물) : 석영, 장석, 운모, 각섬석, 휘석, 감람석 등

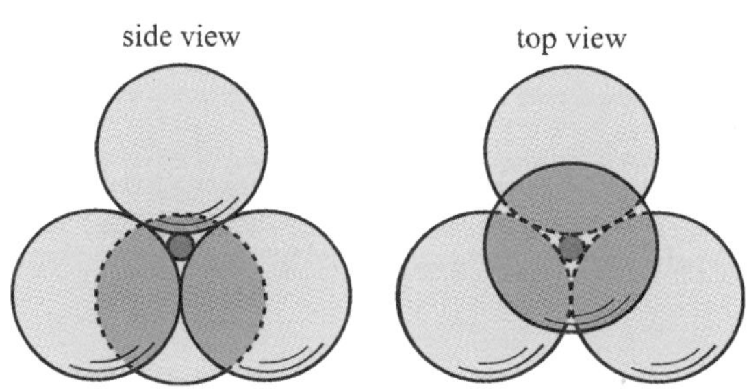

3. 보웬(Bowen)의 반응 계열

- 마그마가 고온에서 냉각됨에 따라 정출 온도가 높은 광물부터 차례대로 결정화되는 것

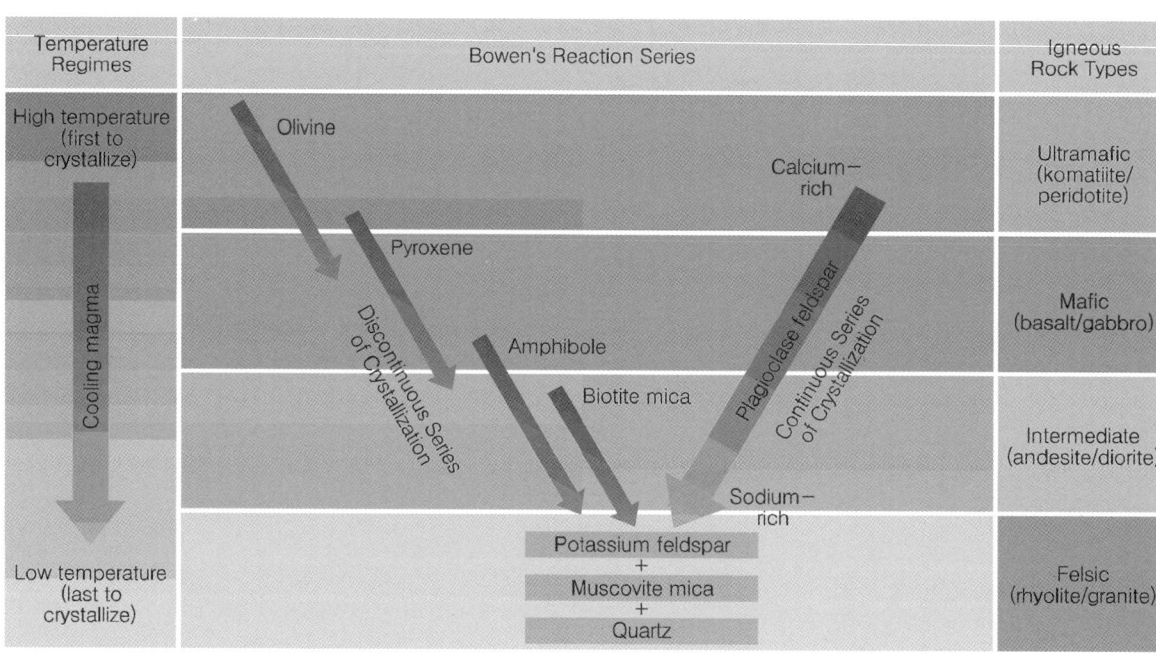

· 연속 계열과 불연속 계열이 있다.

· 마그마 분화 초기에 정출되는 광물은 Mg, Fe, Ca 등이 풍부하고 결합구조가 단순하며, 풍화에 약하고, 점성이 작고 비중이 큰 유색광물 중심이다.

· 분화 말기에 정출되는 광물은 Na, K, Si 등이 풍부하고 결합구조가 복잡하며 풍화에 강하며, 점성이 큰 반면 비중이 작은 무색광물 위주이다.

4. 비규산염 광물의 예

- 탄산염광물 : 방해석($CaCO_3$), 능철석($FeCO_3$), 마그네사이트($MgCO_3$)
- 황산염광물 : 석고($CaSO_4$ $2H_2O$)
- 황화광물 : 방연석(PbS), 황동석(Cu_2S), 황철석(Fe_2S), 진사(HgS)
- 산화광물 : 자철석(Fe_2O_3), 적철석(Fe_3O_4), 강옥(Al_2O_3), 석영(SiO_2)
- 할로겐광물 : 암염(NaCl), 형석(CaF)
- 원소광물 : 금, 은, 구리, 다아아몬드, 흑연, 백금, 황

참고 보석(탄생석)

- 1월 : 가닛(Garnet) – 사랑, 진실, 정조
- 2월 : 자수정(Ametheyst) – 정조, 성실, 평화
- 3월 : 아콰마린(Aquamarine) – 침착, 총명, 용감
- 4월 : 다이아몬드(Diamond) – 영원한 사랑, 행복
- 5월 : 에메랄드(Emerald) – 행복, 행운
- 6월 : 진주(Pearl) – 건강, 장부의 권위
- 7월 : 루비(Rubi) – 열정, 영원한 생명
- 8월 : 감람석(Olivine) – 지혜, 부부의 행복
- 9월 : 사파이어(Sapphire) – 자애, 성실, 덕망
- 10월 : 오팔(Opal) – 희망, 순결
- 11월 : 토파즈(Topaz) – 우정, 인내, 결백
- 12월 : 터키석(Turquoise) – 행운, 성공, 번영

5. 암석과 광물의 차이

- 암석은 일반적으로 '~암'으로 명명한다. 광물들의 혼합물이다.
- 광물은 일반적으로 '~석'으로 명명한다. 원소들의 화합물이다.

6. 규산염 광물의 구조

⇒ SiO_4 사면체를 기본 구조로 함.

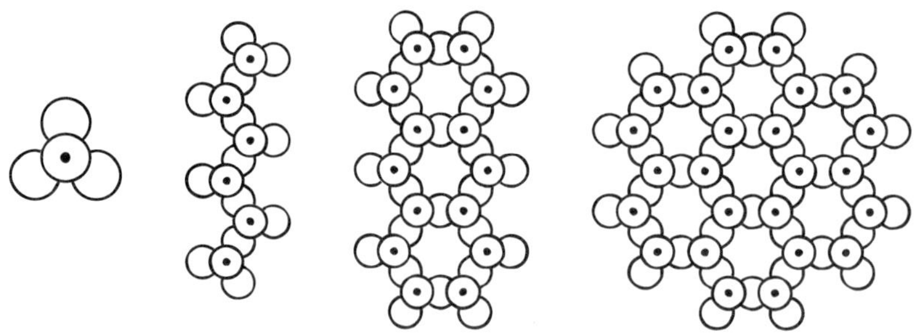

A B C D

A : 감람석, B : 휘석 C : 각섬석 D : 운모

7. 규산염 광물의 결합구조와 광물 예

<table>
<tr><th colspan="2">Mineral</th><th>Idealized Formula</th><th>Cleavage</th><th colspan="2">Silicate Structure</th></tr>
<tr><td colspan="2">Olivine</td><td>$(Mg,Fe)_2SiO_4$</td><td>None</td><td>Single tetrahedron</td><td></td></tr>
<tr><td colspan="2">Pyroxene group (Augite)</td><td>$(Mg,Fe)SiO_3$</td><td>Two planes at right angles</td><td>Single chains</td><td>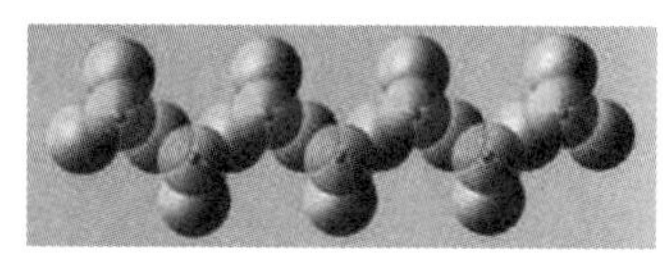</td></tr>
<tr><td colspan="2">Amphibole group (Hornblende)</td><td>$(Ca_2Mg_5)Si_8O_{22}(OH)_2$</td><td>Two planes at 60 ° and 120 °</td><td>Double chains</td><td>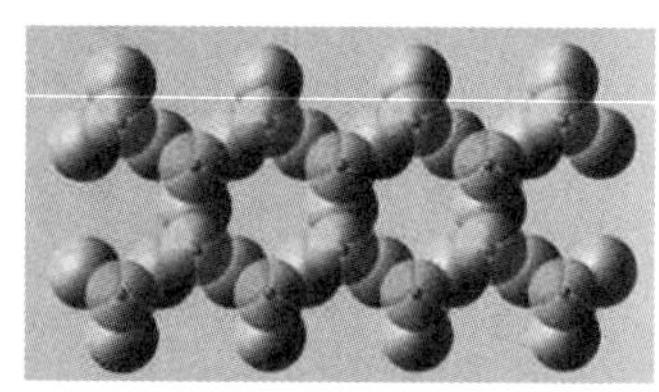</td></tr>
<tr><td rowspan="2">Micas</td><td>Biotite</td><td>$K(Mg,Fe)_3AlSi_3O_{10}(OH)_2$</td><td rowspan="2">One planes</td><td rowspan="2">Sheets</td><td rowspan="2">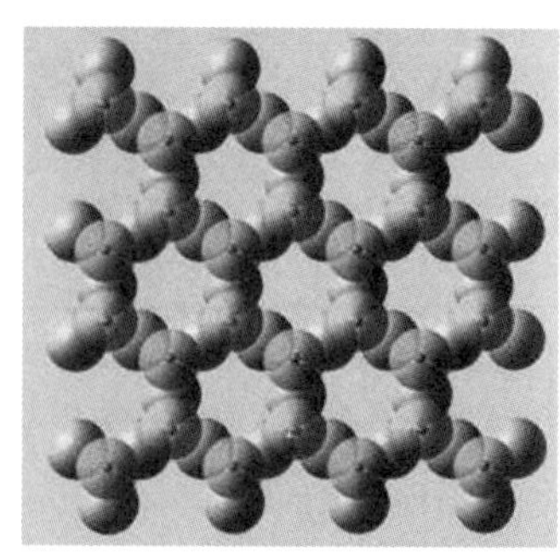</td></tr>
<tr><td>Muscovite</td><td>$KAl_2(AlSi_3O_{10})(OH)_2$</td></tr>
<tr><td rowspan="2">Feld-spars</td><td>Orthoclase</td><td>$KAlSi_3O_8$</td><td rowspan="2">Two planes at 90 °</td><td rowspan="3">Three-dimensional networks</td><td rowspan="3">Very complex Structure</td></tr>
<tr><td>Plagioclase</td><td>$(Ca,Na)AlSi_3O_8$</td></tr>
<tr><td colspan="2">Quartz</td><td>SiO_2</td><td>None</td></tr>
</table>

[실험 9] 암석의 관찰 및 분류 : 화성암

실험안내서

제목	암석의 관찰 및 분류 : 화성암	날짜	년 월 일
실험목표	· 암석의 색을 관찰하여 화성암의 화학 조성의 차이를 설명할 수 있다. · 암석을 구성하는 광물 입자의 크기(조직)를 관찰하여 화성암의 산출 상태를 구별할 수 있다. · 여러 가지 화성암의 화학조성에 따른 색과 산출 상태에 따른 조직을 관찰하여 화성암을 분류할 수 있다.		
준비물	화성암 표본, 확대경, 망치, 색 지수 도표, 화성암 분류표		

1. 실험 방법 및 과정

(1) 화성암의 조직을 관찰한다.

(2) 조립질 암석은 색 지수 도표와 비교하여 유색 광물의 종류와 부피 비를 구하고, 조립질 암석이 아닌 암석의 경우는 색을 관찰한다.

(3) 암석을 구성하는 무색 광물의 종류를 관찰한다.

(4) 화성암은 분류표를 이용하여 관찰한 암석명을 결정한다.

(5) 주어진 암석 표본에 대해 위의 과정을 반복하여 〈표 1〉에 기록한다.

2. 결과 정리 및 토의

(1) 화성암을 관찰한 결과를 〈표 1〉에 기록한다.

(2) 현무암과 반려암의 공통점과 차이점은 무엇인가? 그 이유는 어떻게 설명할 수 있는가?

• 공통점

• 차이점

(3) 반려암과 화강암의 공통점과 차이점은 무엇인가? 그 이유는 어떻게 설명할 수 있는가?

• 공통점

• 차이점

표 1. 화성암의 관찰 기록표

암석 번호	조직	색 지수 또는 색	유색 광물의 종류	무색 광물의 종류	암석명

3. 생각해 볼 점

반려암에는 석영이나 정장석이 거의 들어 있지 않고, 화강암에는 감람석이나 휘석이 들어 있지 않다. 그 이유를 설명해 보자.

화성암의 육안관찰 흐름도(분류표)

- 비조립질 조직
  - 세립질 또는 반정질 조직
    - 밝은 색
      - 반정이 드물거나 없음 — 유문암
      - 석영, 각섬석, 흑운모 반정 포함 — 화강 반암
    - 중간 색
      - 안산암
      - 사장석, 각섬석, 흑운모 반정 포함 — 섬록 반암
    - 어두운 색
      - 현무암
      - 사장석, 휘석, 감람석 반정 포함 — 휘록암
  - 유리질 조직
    - 치밀하면서 검은색 — 흑요석
    - 밝은 색으로 물에 뜸 — 부석
    - 어두운 색으로 기공이 많음 — 스코리아
- 조립질 조직
  - 유색 광물 함량 (40% 미만)
    - 정장석과 석영이 풍부함 — 화강암
    - 정장석과 석영이 적거나 포함되지 않음 — 섬록암
  - 유색 광물 함량 (40% 이상)
    - 사장석이 포함됨 — 반려암
    - 사장석이 거의 포함되지 않음 — 감람암

유색 광물의 함량 부피비(색 지수)

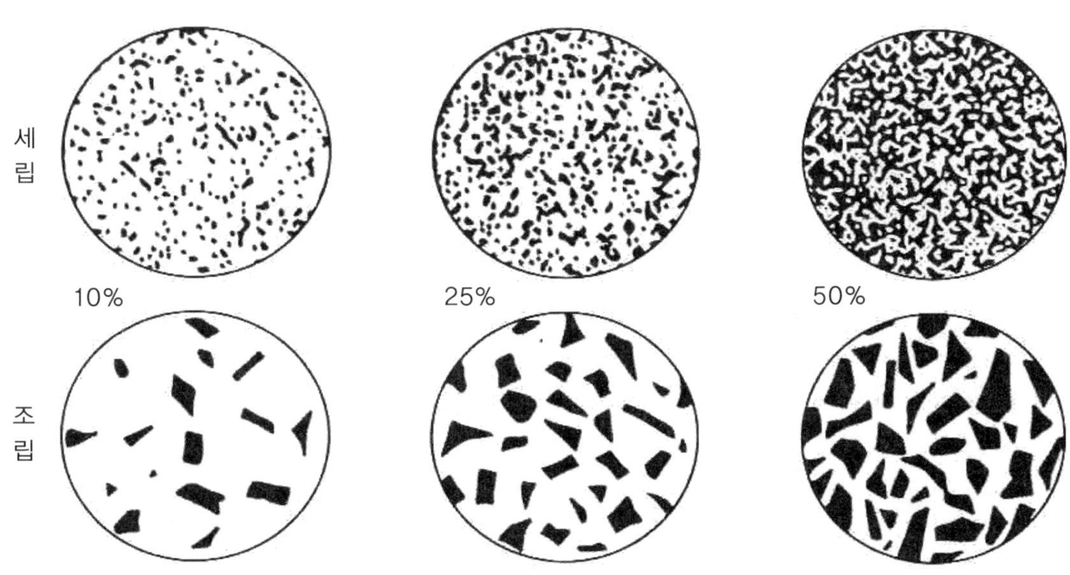

[실험 9] 암석의 관찰 및 분류 : 화성암

실험참고자료

지하 깊은 곳에 있는 마그마가 지각의 약한 부분을 뚫고 지표로 분출되거나 지하에서 굳어져 형성된 암석을 화성암(이에 수반되는 일련의 활동을 화성 활동이라 함)이라고 함.

① 마그마 : 지하에 존재하는 용융 상태의 규산염 물질로서, 주요 성분은 SiO_2이다.

② 마그마의 생성 위치 : 마그마는 해구, 해령, 열점에서 생성됨.

1. 화성암의 화학조성에 따른 분류

(1) 마그마의 분화 작용 (보엔의 반응 계열)

- 한 종류의 마그마에서 결정 작용에 따라 화학 성분이 다른 여러 마그마와 암석이 생성되는 과정
- 고온의 현무암질 마그마가 냉각되기 시작하면 용융점이 높은 광물부터 차례로 정출.
- 초기 정출 광물 : Ca, Mg, Fe 성분이 많은 유색 광물
- 말기 정출 광물 : Na, K, Si 성분이 많은 무색 광물
- 현무암질 마그마에서 감람석, 휘석, Ca 사장석 등이 정출되면 잔류 마그마의 화학 조성은 안산암질 마그마로 변함.
- 보엔의 반응 계열

- 연속 반응 계열

고온		저온
Ca 사장석(아노사이트)	——————→	Na 사장석 (알바이트)

- 불연속 반응 계열 : 고온에서 감람석이 먼저 정출되고, SiO_2가 농축되어 **상대적으로 SiO_2 함량비가 증가된 마그마 잔액**과 감람석이 반응하여 휘석이, 휘석이 다시 마그마와 반응하여 각섬석이, 이어서 흑운모가 정출된다.

- 이 두 반응 계열은 저온에서 합쳐져서 정장석→백운모→석영 순으로 정출된다.

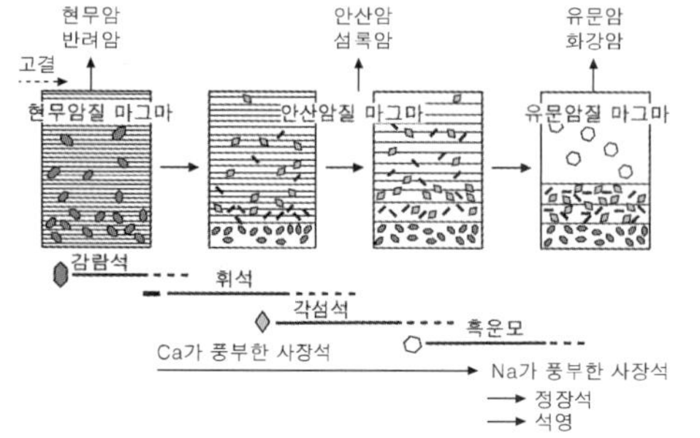

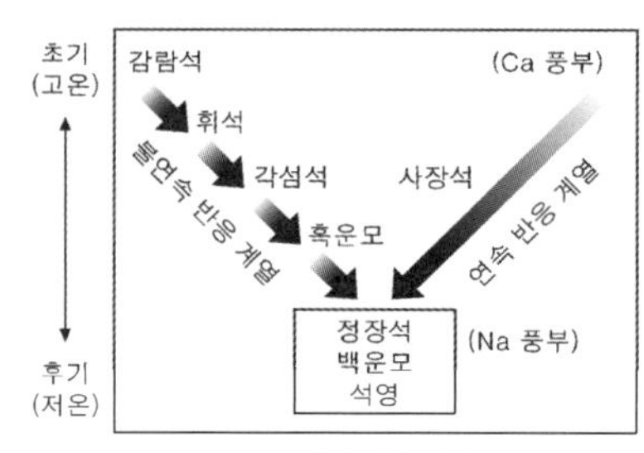

보엔의 반응 계열

(2) 마그마의 온도, 화학조성(SiO_2의 함량 : 염기성 → 산성), 암석의 색

2. 화성암의 산출 상태에 따른 분류

(1) 마그마가 식어서 굳은 모양을 산출 상태라 한다.

- 용암류 : 마구마가 화구나 지각의 틈을 따라 흘러나와 지표에서 굳어진 것
- 암맥 : 마그마가 기존 암석 중의 틈을 따라 맥상으로 관입한 판 모양의 화성암체
- 암상 : 마그마가 퇴적암의 층리면에 평행하게 들어간 판 모양의 화성암체
- 병반 : 퇴적암 중에 암상처럼 들어간 화성암체의 일부가 더 두꺼워져 렌즈나 만두 모양으로 부풀어 오른 화성암체
- 암주 : 주로 저반의 일부로 지표로 노출된 면적이 200 km^2 이하인 심성암체
- 저반 : 지하에 들어 있거나 지표에 노출된 면적이 200 km^2 이상인 큰 심성암체

(2) 화성암의 조직(산출 상태에 따라 결정)

- 입상 조직 : 지하 깊은 곳에서 서서히 냉각되어 형성된 입자가 비교적 크고 고른 조직(저반, 암주)
- 반상 조직 : 미세한 광물입자인 석기 속에 큰 결정인 반정이 섞여 있음(병반, 암상, 암맥)
- 미정질 조직 : 광물 입자가 미세하여 육안으론 구별이 안 됨.
- 유리질 조직 : 지표로 분출하여 생성, 거의 비정질로 구성됨.

(3) 화성암의 산출 상태, 화성암의 조직, 입자의 크기

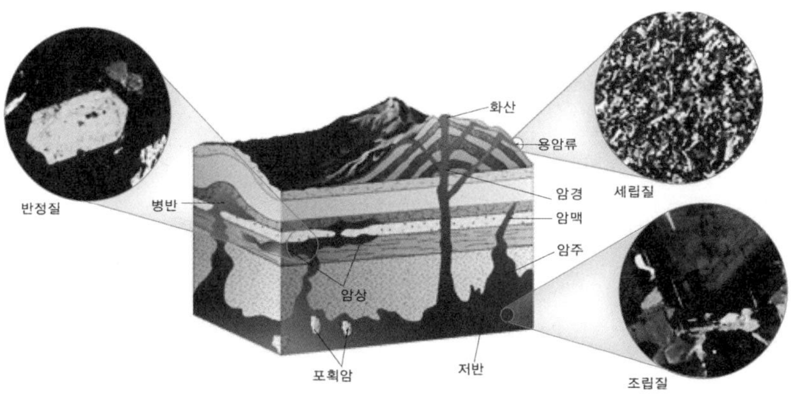

3. 화성암의 분류

SiO_2의 함량		염기성암(<52%)	(52≤중성암<66%)	산성암(>66%)	산출 상태
색		어 둡 다 ←——————→ 밝 다			
세립	화산암	현무암	안산암	유문암	용암류
↕	반심성암	휘록암	섬록반암	화강반암	암맥,암상,병반
조립	심성암	반려암	섬록암	화강암	저반, 암주
조암 광물의 함량(부피,%)		← 유색 광물의 함량이 많다 무색 광물의 함량이 많다 →			
SiO_2 이외의 주요 산화물의 함량(중량,%)		← CaO, MgO, FeO+Fe_2O_3 등이 많다 Na_2O, K_2O 등이 많다 →			

[실험 10] 암석의 관찰 및 분류 : 퇴적암, 변성암

실험안내서

제목	**암석의 관찰 및 분류 : 퇴적암, 변성암**	날짜	년 월 일
실험목표	· 퇴적암을 관찰하여 성인에 따른 퇴적물의 특징을 이해하고, 암석을 분류할 수 있다. · 변성암을 관찰하여 성인에 따른 특징을 이해하고, 암석을 분류할 수 있다.		
준비물	퇴적암, 변성암 암석 표본, 확대경, 망치, 염산, 모스 굳기계		

1. 실험 방법 및 과정

(1) 암석 표본을 준비된 측정 기기를 활용하여 관찰한다.

(2) 제시된 〈표 1〉의 각 항목에 맞는 각 퇴적암 암석 표본의 특징을 조사하여 기록한다.

(3) 제시된 〈표 2〉의 각 항목에 맞는 각 변성암 암석 표본의 특징을 조사하여 기록한다.

2. 결과 정리 및 토의

(1) 〈표 1〉을 정리하고, 그 특징을 이용하여 암석명을 결정한다.

표 1. 퇴적암 표본의 실험 결과

구분	퇴적암						
암석 번호							
입자 크기							
주성분 광물							
기타 특징 (화석 포함 여부, 색, 염산 반응, 굳기 등)							
암석명							

(2) 〈표 2〉를 정리하고, 그 특징을 이용하여 암석명을 결정한다.

표 2. 변성암 표본의 실험 결과

구분	변성암							
암석 번호								
색								
구성광물 및 성분								
구조 특징								
엽리의 발달 정도								
기타 특징 (염산 반응 등)								
암석명								

3. 생각해 보기

(1) 다음 암석의 특징을 비교하시오.

사암과 석회암의 특징	규암과 대리암의 특징

(2) 육안 관찰과 조사를 통하여 암석에 따른 특징(구분 기준 포함)을 기술하고, 구분하는 기준을 설명하시오.

화성암	
퇴적암	
변성암	

[실험 10] 암석의 관찰 및 분류 : 퇴적암, 변성암

실험참고자료

1. 퇴적암

지표에 있던 암석이 풍화, 침식 작용을 받아 만들어진 쇄설물과 물에 용해되어 있는 물질이나 생물의 유해 등이 퇴적 분지에 운반되어 쌓이거나 침전되어 굳어진 암석이다.

(1) 퇴적암의 생성(쇄설성 퇴적물들의 속성 작용)

① 다져짐 작용(압축) : 위에 쌓인 퇴적물의 압력을 받아 퇴적물 입자 사이의 간격이 좁아지는 경우

② 교결 작용 : 지하수에 용해된 석회분($CaCO_3$), 규산분(SiO_2), 철분(Fe_2O_3) 등이 침전되어 퇴적물 사이의 입자들을 연결시키는 작용

(2) 퇴적암의 종류

① 운반 매체에 의한 분류 : 하성층, 풍성층, 빙하퇴적층

② 퇴적 장소에 따른 분류 : 육성층(小), 해성층(大)으로 구분

- 천해퇴적물 : 쇄설성 퇴적물, 터비다이트
- 심해퇴적물 : 적색점토, 유기질 연니(석회질, 규질연니→ 처트)

③ 퇴적암의 구성 물질과 입자의 크기에 따른 분류

(3) 퇴적암의 특징

① 퇴적 장소와 환경에 따라 다양한 구조가 나타남.

② 퇴적 당시의 고환경을 유추할 수 있음.

- 층리 : 입자의 크기, 색, 모양 등의 성질이 다른 퇴적물이 쌓여서 나타나는 거의 평행한 무늬(층리면)
- 사층리 : 층리면이 평형하지 않고 서로 엇갈린 무늬, 수심이 얕은 지역이나 바람이 센 사막 지역에서 많이 나타남. 물이 흐른 방향이나 지층의 상하 판단에 이용.
- 점이층리 : 각 층리마다 아래쪽은 굵은 조립암이며, 위쪽으로 올라갈수록 그 입자의 크기가 작아짐. 지층의 상하 판단에 이용, 해성층에 주로 많음.
- 연흔 : 물결 모양의 무늬(유체의 잔잔한 유동), 위가 뾰족하고 아래가 둥근 모양.
- 건열 : 건조한 기후에 의해 얕은 물밑의 고화된 퇴적물이 다시 수면 위로 올라와 말라서 갈라져 생긴 틈.
- 호층 : 퇴적물의 입자의 크기, 색, 모양 등이 주기적으로 반복되는 층.
- 화석이 발견됨.

2. 변성암

(1) 변성 작용 : 암석이 생성 환경과 다른 환경에 놓이게 되는 경우 암석을 이루는 광물 입자의 배열이 달라지고, 결정이 커지며, 화학조성이 달라진다.

저온·저압의 환경(지표)	침강·관입 ⟶ 지하 15~30 km, 온도 200~700 ℃	고온 고압(지하)

(2) 변성 작용의 종류

① 접촉 변성 작용 : 마그마가 관입하거나 분출 시 마그마와 접촉하는 부분에서 마그마의 열에 의해 암석의 조직이 변화하거나 마그마로부터 나온 가스에 의해 암석의 성분이 변화하는 작용

② 광역 변성 작용 : 조산운동에 의해 생긴 고온 고압에 의해 발생하는 작용(재결정 작용 발생)

(3) 변성암의 구조

① 접촉 변성 작용에 의한 조직

- 혼펠스 조직 : 치밀하고 균질하게 짜여진 구성

  예) 셰일 → 혼펠스

- 입상 변정질 조직 : 입자 크기가 비슷하고 비교적 굵은 입자로 변성

  예) 석회암 → 대리암

② 광역 변성 작용에 의한 조직

- 엽리 : 일정 방향의 압력에 의해 특별한 광물이 압력에 직각인 방향으로 배열하여 방향성이 나타남.

  예) 셰일 → 슬레이트(점판암) → 천매암 → 편암 → 편마암

[실험 11] 주향과 경사 측정

실험안내서

제목	주향과 경사 측정	날짜	년 월 일
실험목표	· 클리노미터의 사용 방법과 측정 원리를 이해할 수 있다. · 지층, 엽리, 단층 등의 주향과 경사를 측정하여 기호로 나타낼 수 있다.		
준비물	클리노미터, 필기구, 확대경, 야장 노트		

1. 실험 방법 및 과정

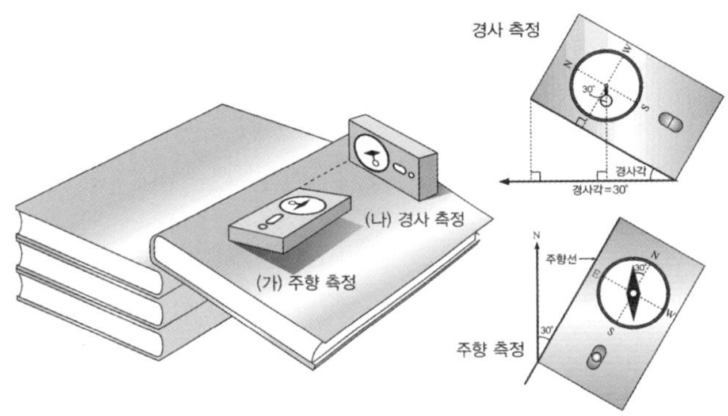

그림 1. 주향과 경사 측정

(1) 받침대를 고여 나무판(책)을 기울여 놓는다.

(2) 클리노미터의 옆면에 있는 자침 고정 장치(스토퍼)를 풀어 자침과 경사추가 자유롭게 움직이도록 한다.

(3) [그림 1]의 (가)와 같이 클리노미터의 긴 변을 나무판(책)에 대고 수준기의 기포가 중앙에 오도록 조절하여 수평을 맞춘다.

(4) 기포가 중앙에 왔을 때 클리노미터의 자침이 가리키는 방향과 바깥쪽의 눈금을 이용하여 각도를 측정하고 판자의 주향을 구해 본다.

(5) 연필로 주향선을 긋고 이에 직각인 경사 방향선에 [그림 1]의 (나)와 같이 클리노미터를 세워 놓은 다음, 클리노미터의 안쪽 눈금을 이용하여 경사추가 가리키는 각을 읽는다.

(6) 클리노미터를 사용하여 측정 지점에서의 방향을 고려하면서 경사 방향선이 가리키는 방향, 즉 경사의 방향을 측정하고, '(5)'에서 측정한 경사각과 함께 나무판(책)의 경사를 표시해 본다.

(7) 나무판(책)의 경사 각도를 일정하게 유지하면서 방향을 바꿀 때 나무판(책)의 주향과 경사는 어떻게 변하는가를 알아본다.

(8) 나무판(책)의 방향을 일정하게 유지하면서 경사 각도를 바꿀 때 나무판(책)의 주향과 경사는 어떻게 변하는가를 알아본다.

2. 결과 정리 및 토의

(1) 나무판(책)의 주향과 경사는 각각 얼마인가?

• 주향 : ____________________ • 경사 : ____________________

(2) 위에서 측정한 나무판(책)의 주향과 경사를 기호로 나타내 보자.

(3) 나무판(책)의 경사 각도를 일정하게 유지하면서 방향만 바꾸었을 때 변하는 것은 무엇인가?

(4) 나무판(책)의 방향을 일정하게 유지하면서 경사 각도를 바꾸었을 때 변하는 것은 무엇인가?

(5) 실험에서 설정한 여러 지점의 주향과 경사를 측정하여 기호로 나타내 보자.

지점1	지점2	지점3
지점4	지점5	지점6

3. 생각해 볼 점

(1) 클리노미터의 방위판에는 E와 W의 위치가 바뀌어 표시되어 있다. 그 이유는 무엇인지 생각해 보자.

(2) 주향이 정해지면 경사 방향은 일반적으로 두 방향으로 국한된다. 그 이유는 무엇인지 생각해 보자.

[실험 11] 주향과 경사 측정

실험참고자료

1. 주향과 경사란?

주향은 북쪽을 기준으로 주향선의 방향을 나타내는 것으로, Nx°E, Ny°W와 같이 표시한다. 경사는 지층면이 수평면과 이루는 각도와 경사진 방향을 나타내는 것으로, x°NE , y°SW와 같이 표시한다. 주향과 경사를 측정할 때 클리노미터의 자침이 가리키는 방향과 각도가 [그림 2]와 같다면 이 때 판자의 주향은 N30°E이다. 한편 경사를 측정할 때 경사추가 가리키는 각도가 아래 그림과 같고 경사 방향이 SE라면 이 때 판자의 경사는 40°SE 이다.

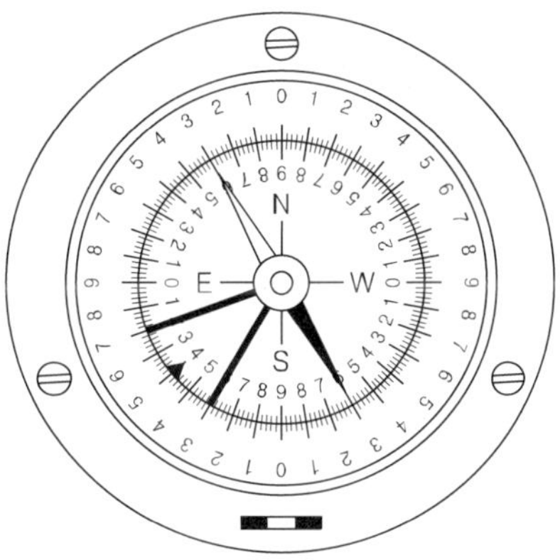

그림 2. 주향과 경사

2. 주향과 경사의 기호 표시

예를 들어 주향이 N30°E이고, 경사가 40°SE인 경우 주향과 경사를 기호로 나타내는 방법은 [그림 3]과 같다.

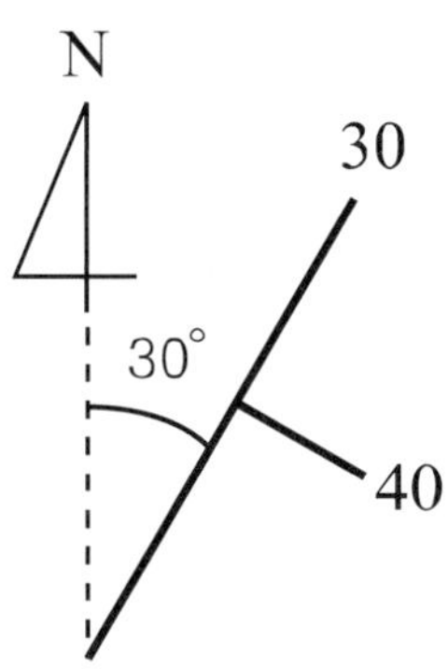

그림 3. 주향과 경사 표시

[실험 12] 지질학적 사건의 순서 정하기

실험안내서

제목	**지질학적 사건의 순서 정하기**	날짜	년 월 일
실험목표	지질학적인 기본적 원리를 이용하여 지질학적 사건의 순서를 바르게 결정한다.		
준비물	지질 단면도, 색연필(빨간색, 파란색 1조), 연필		

1. 실험 방법 및 과정

(1) 지질학적 사건의 순서 결정 연습

아래에 있는 지질학적 사건의 순서에 대한 예를 참고하여 다음에 제시된 12개의 지질단면에 대하여 각각의 지질학적 사건 순서를 바르게 설명하시오.

지질도 예시

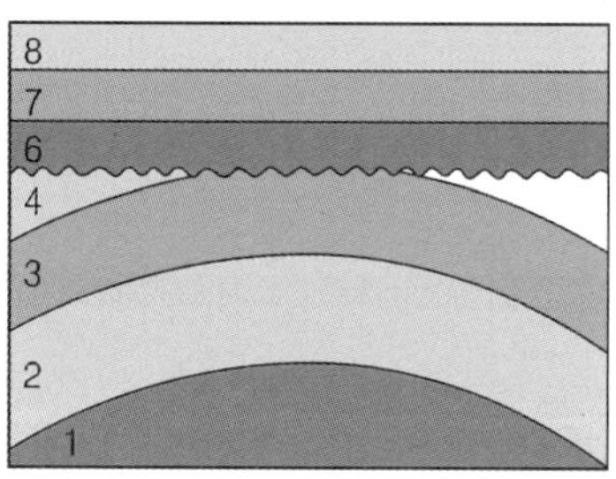

지질학적 사건

⑤ 7, 8층의 퇴적
④ 침강 후 6층의 퇴적(경사부정합)
③ 침식
② 배사구조의 형성에 의한 국지적 상승
① 1, 2, 3, 4의 퇴적

①

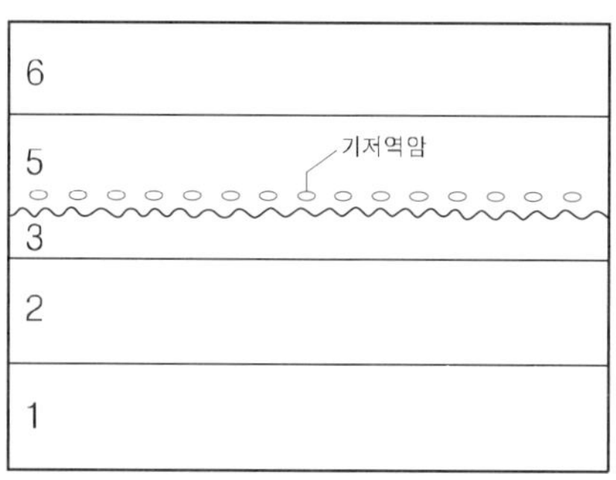

②

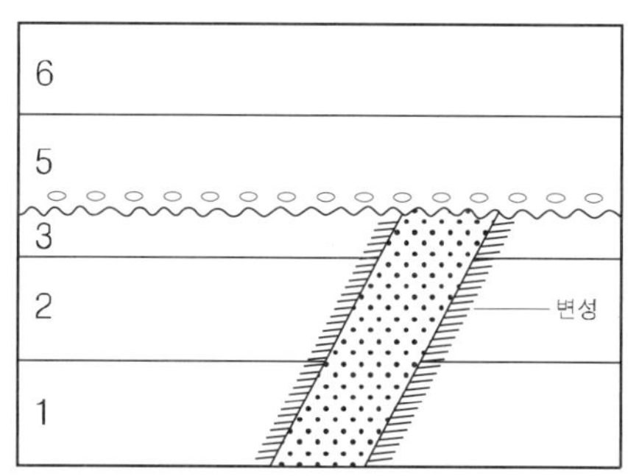

③

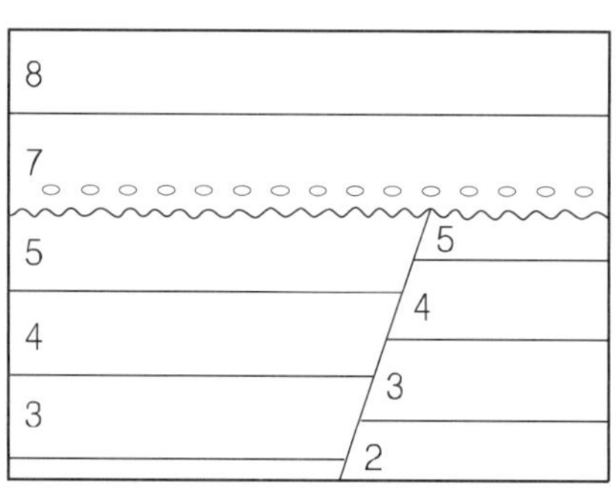

④

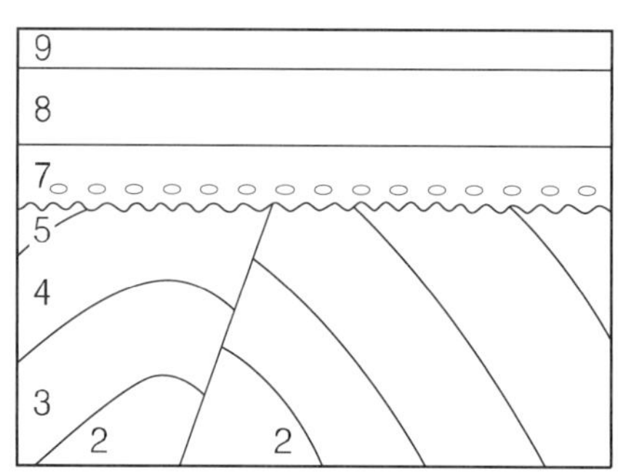

⑤

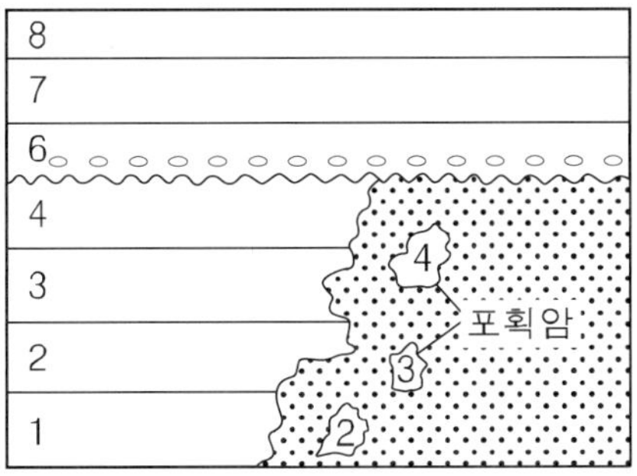

⑥

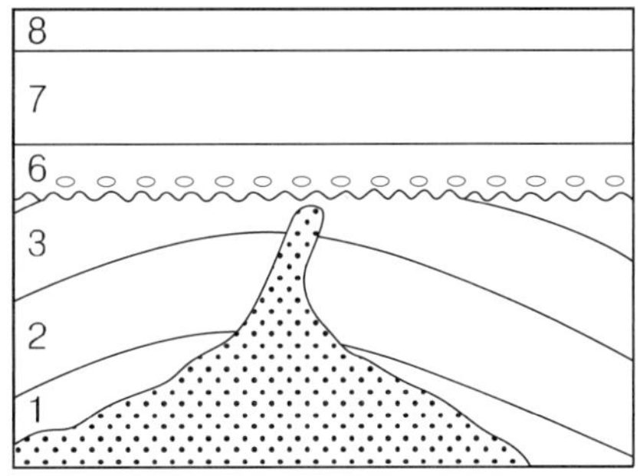

⑦

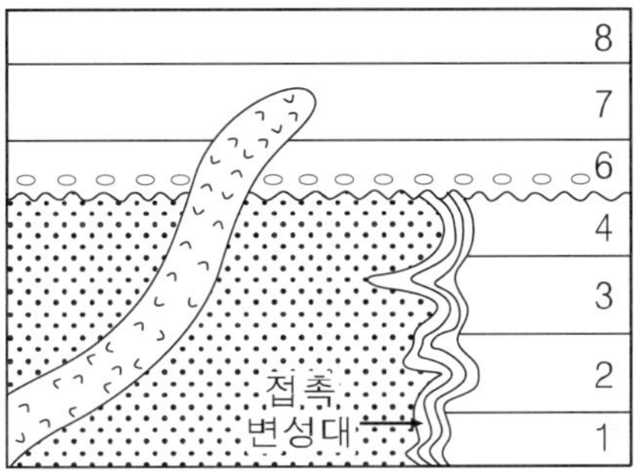

⑧

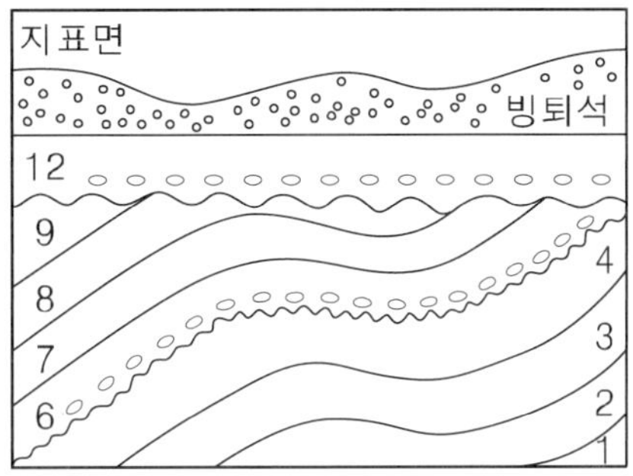

⑨

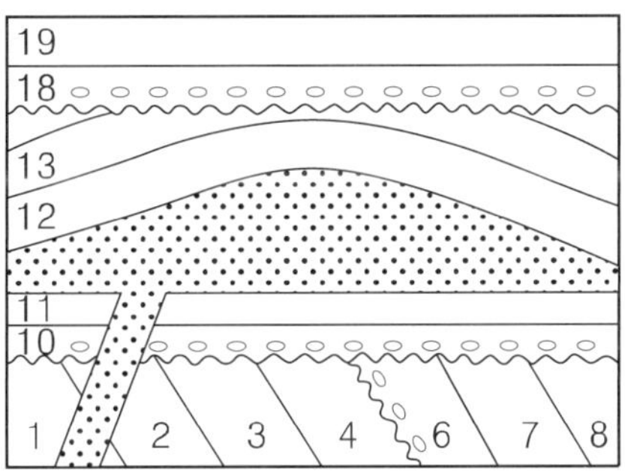

⑩

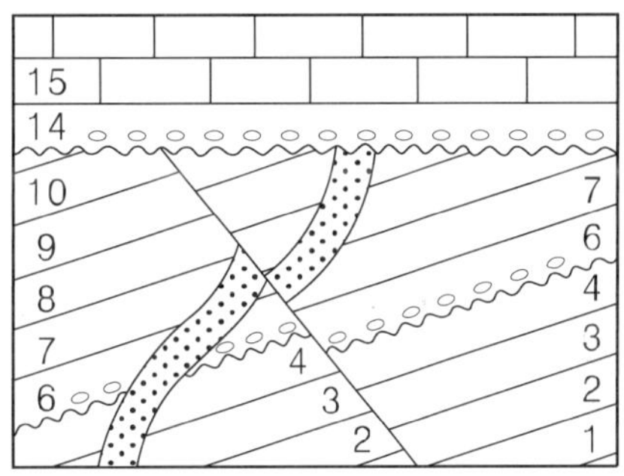

⑪

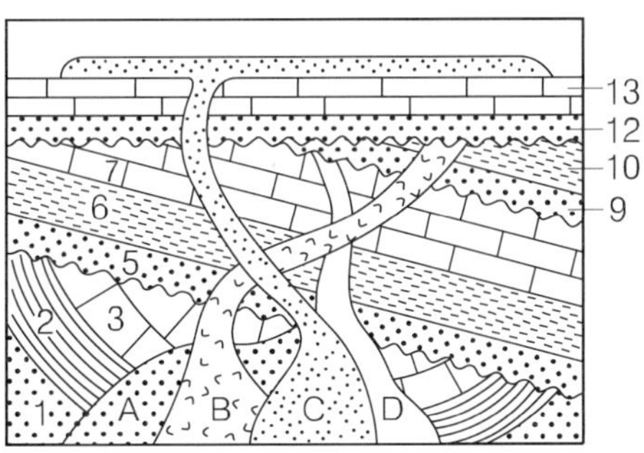

⑫

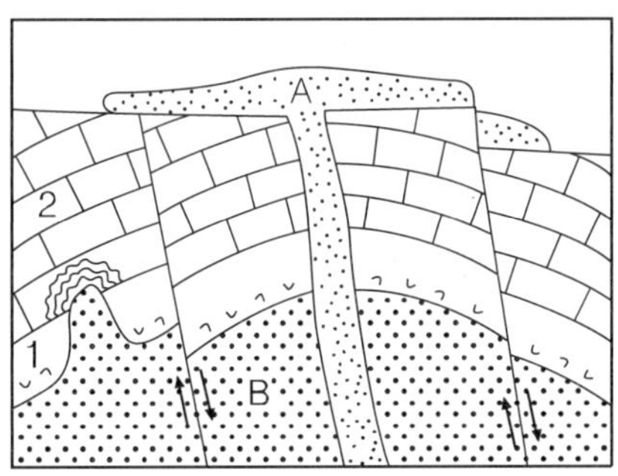

(2) 지질학적 시간의 결정 연습

다음 지질 단면도는 동위원소 X와 Y를 가지는 두 개의 암맥(A, B)과 편암을 포함하고 있다. 제시된 반감기 곡선을 이용하여 암석의 절대연령을 결정하여라.

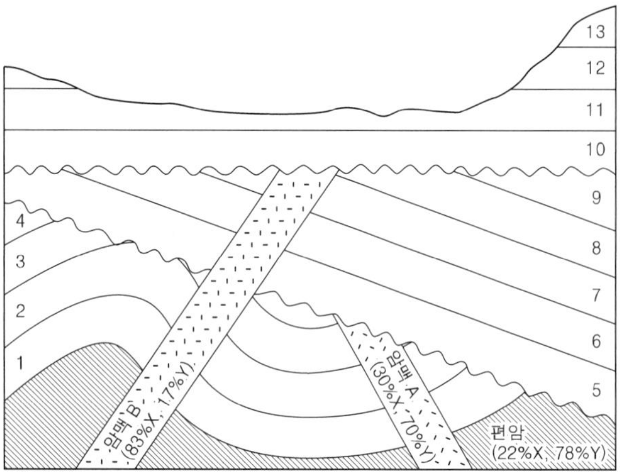

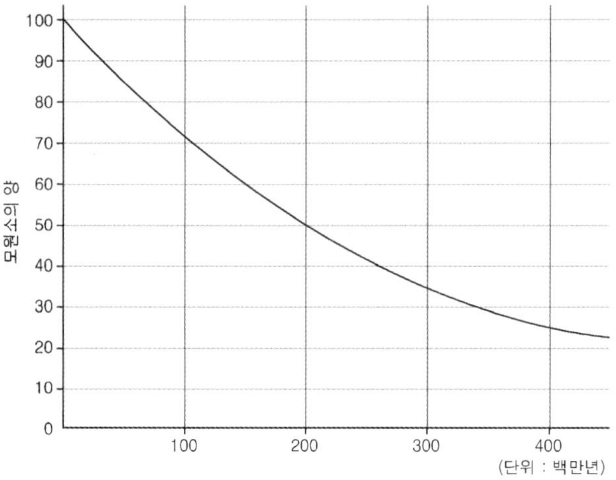

① 지질 단면도의 지질학적 사건 순서를 간단히 설명해 보시오.

② 모원소의 반감기는 얼마인가?

③ 변성암 중 편암의 연령은 얼마인가?

④ 암맥 A의 관입 시기는 언제인가?

⑤ 암맥 B의 관입 시기는 언제인가?

⑥ 층 1~4까지의 형성 시기는 얼마인가?

⑦ 층 5~9까지의 형성 시기는 얼마인가?

⑧ 층 10~13까지의 형성 시기는 얼마인가?

[실험 12] 지질학적 사건의 순서 정하기

실험참고자료

1. 지구의 역사(지사) 연구의 기본 원리

(1) 동일 과정의 원리 : 현재의 지질 현상은 과거에도 같은 속도와 규모로 일어났으므로, 현재의 지질학적 현상을 바탕으로 과거의 지질현상을 이해할 수 있다.

(2) 지층 누중의 원리 : 지층이 역전되지 않았다면 아래에 있는 지층이 위에 있는 지층보다 먼저 형성된 것이다.

(3) 동물군 천이의 원리 : 같은 종류의 생물 화석이라도 상부 지층으로 갈수록 진화된 모습을 나타내며, 동일한 화석이 산출되는 지층들은 같은 시대에 형성된 것이다.

(4) 부정합의 원리 : 부정합을 경계로 상하 두 지층군 사이에는 큰 시간적인 간격이 있다.

(5) 관입의 원리 : 어떤 지층에 화성암이 관입했을 때, 관입당한 기존 지층은 관입한 화성암보다 먼저 형성된 것이다(주의 : 분출과 관입은 구분해야 됨).

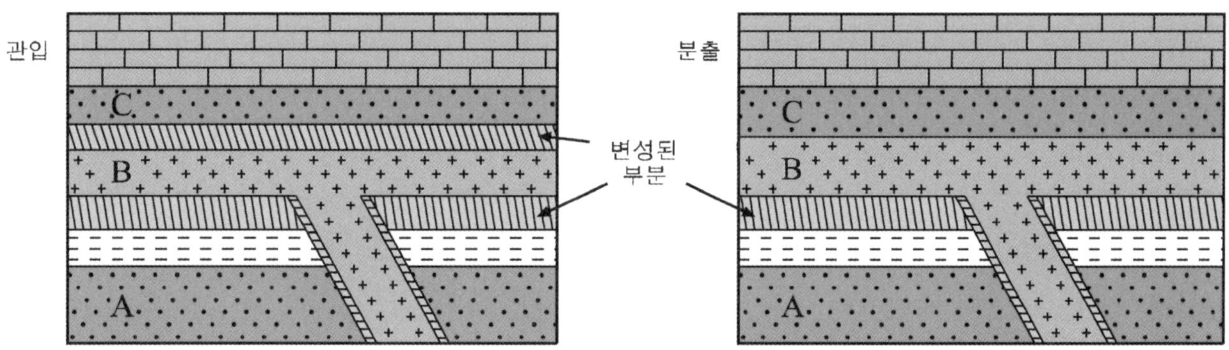

관입한 지역(관입암상의 경우)	분출한 지역(분출암상의 경우)
1. 아래 위의 퇴적 지층 사이로 작은 암맥 형성 2. 화성암체의 위, 아래 퇴적지층 모두와 접촉 변성 작용을 일으킴. 3. 화성암체의 산출 상태는 반심성암이 주로 나타남.	1. 퇴적암 사이에 작은 암맥의 형태로 존재하지 않음. 2. 아래의 퇴적 지층에만 접촉 변성 작용을 받은 변성암이 나타남. 3. 화성암체의 산출 상태는 화산암이 주로 나타남. 4. 화성암체의 상부에 기공이 나타남. 5. 바로 상위의 퇴적암층에 화성암체에서 떨어져 나간 사력들이 기저 역암층을 형성함.

2. 지질 연대의 측정(지질학적 사건의 순서 결정)

(1) 상대연령

① 지질학적 사건의 상대적인 선후 관계만을 나타내는 연령

② 지사학의 5대 법칙과 암상의 유사성 등을 이용하여 정하는데, 특히 산출화석이 결정적인 역할을 함.

(2) 절대연령

① 상대연령으로는 지질학적 사건의 발생 시기를 정확한 연대로 알 수 없으므로 지질학적 사건의 선후 관계뿐만 아니라, 그 시간적인 길이까지를 밝혀서 지질 연대를 엮는 것을 절대연령이라고 함.

② 주로 방사성 원소의 반감기를 이용

(3) 절대연령 측정

① 어떤 방사성 원소의 반감기가 알려져 있다면, 그 원소를 함유하고 있는 암석이나 광물의 생성 연대는 다음의 식에 의해 구할 수 있다.

$$N = N_0 \left(\frac{1}{2}\right)^{\frac{t}{T}}$$

N_0 : 방사성 원소의 처음 양, N : 방사성 원소의 현재 양
t : 경과된 시간, T : 반감기

② 절대연령 측정에 사용되는 방사성 동위원소

모원소	자원소	반감기(년)
^{87}Rb	^{87}Sr	5.0×10^{10}
^{40}K	^{40}Ar, ^{40}Ca	1.31×10^{9}
^{238}U	^{206}Pb	4.510×10^{9}
^{235}U	^{207}Pb	0.7129×10^{9}
^{232}Th	^{208}Pb	13.890×10^{9}
^{14}C	^{14}N	5730±40

③ 방사성 탄소법의 예 : $^{14}C \rightarrow {}^{14}N$

[실험 13] 지층의 대비

실험안내서

제목	지층의 대비	날짜	년 월 일
실험목표	· 암상을 이용하여 지층을 대비할 수 있다. · 화석을 이용하여 지층을 대비할 수 있다.		
준비물	지질 주상도, 자, 색연필		

1. 실험 방법 및 과정

(1) 다음 [그림 1](지층 대비 예시)을 참고하여 각 지역의 주상도를 자세히 살펴보고, 지층의 성질, 지층의 층서, 특정한 지층, 화석, 부정합, 지층의 변화, 관입 관계 등을 고려하여 동일 시대에 형성된 암석을 연결하여 대비한다.

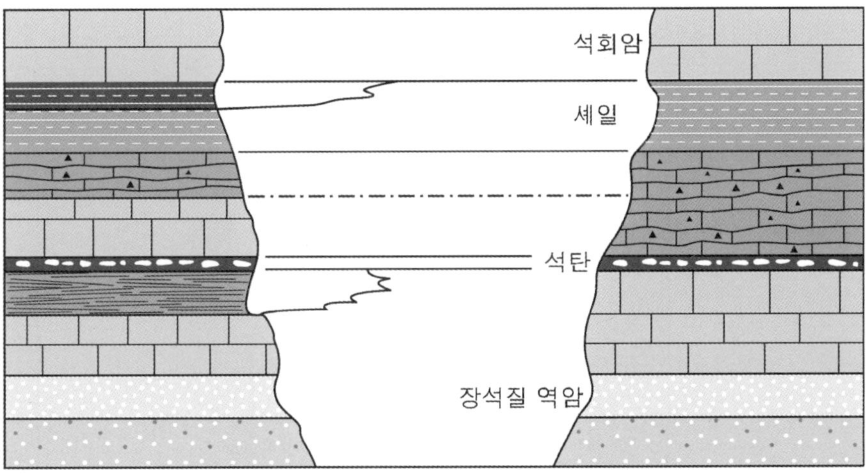

그림 1. 지층 대비 예시

(2) 일부 지역에만 부분적으로 나타나는 지층은 타 지역과 대비할 수 없으므로 [그림 1]과 같이 두 지역 사이에서 점점 얇아져 소멸되도록 한다.

2. 실험상의 유의점

(1) 각 지역에 공통적으로 나타나고, 눈에 띄는 지층을 찾아 이를 기준으로 지층을 대비한다.

(2) 지층은 횡적으로 연속성이 좋지 않은 경우도 있음에 주의한다.

3. 결과 정리 및 토의

(1) 다음 지역의 지층을 대비해 보자.

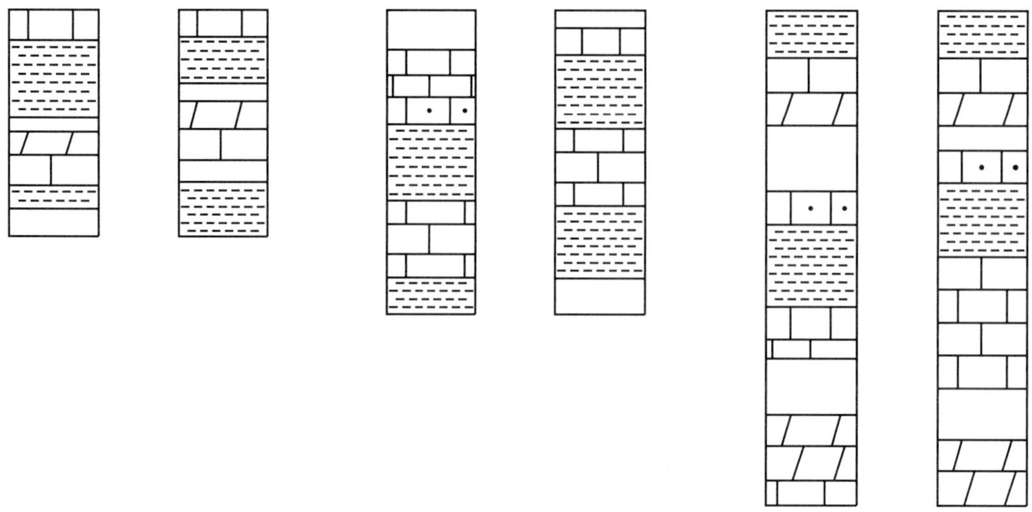

(2) 다음 네 지점의 지층을 대비해 보자.

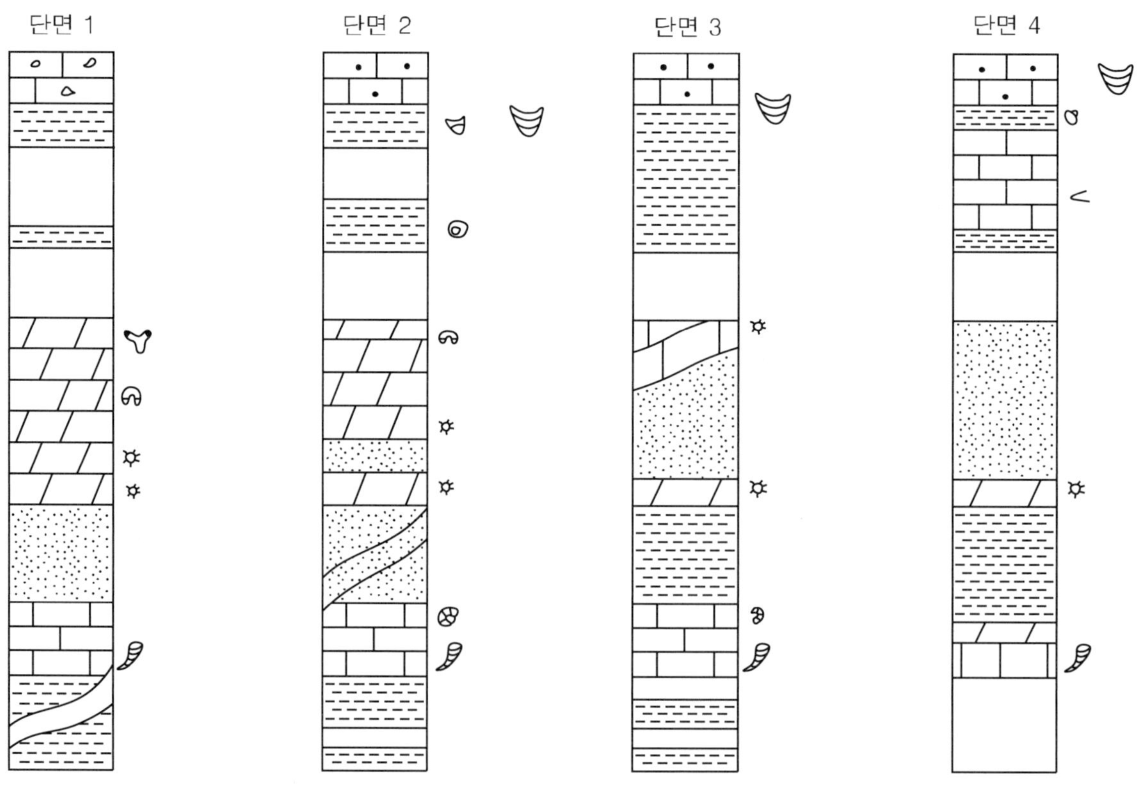

(3) 다음은 A, B 두 지역의 지질 주상도이다. 암상과 화석에 의하여 지층을 대비해 보자.

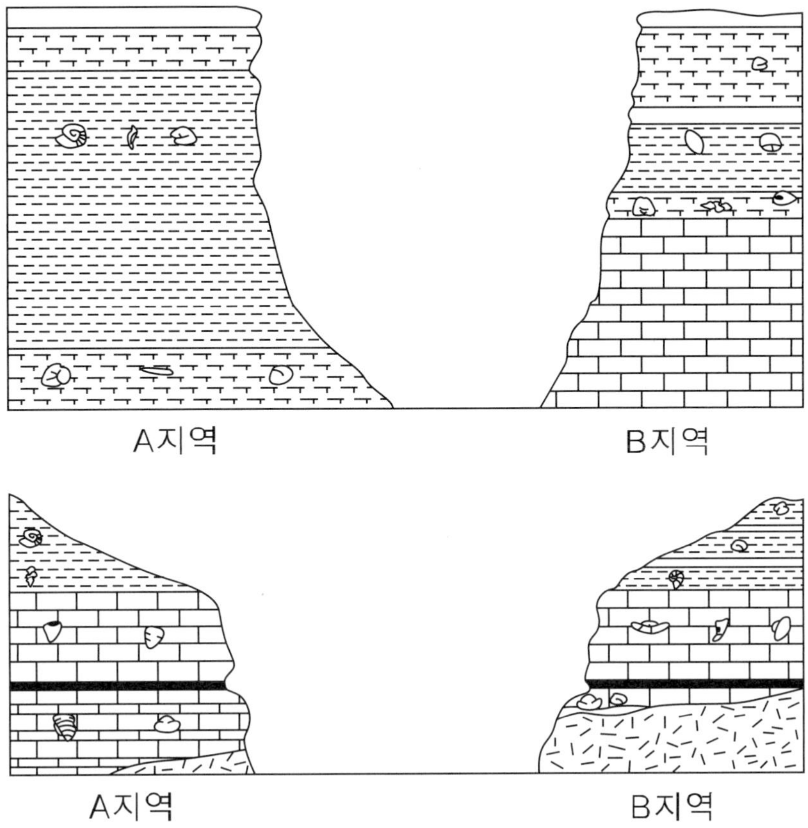

(4) 다음은 A, B, C, D 지역의 지질 주상도와 산출되는 화석을 나타낸 것이다. 지층을 대비해 보자.

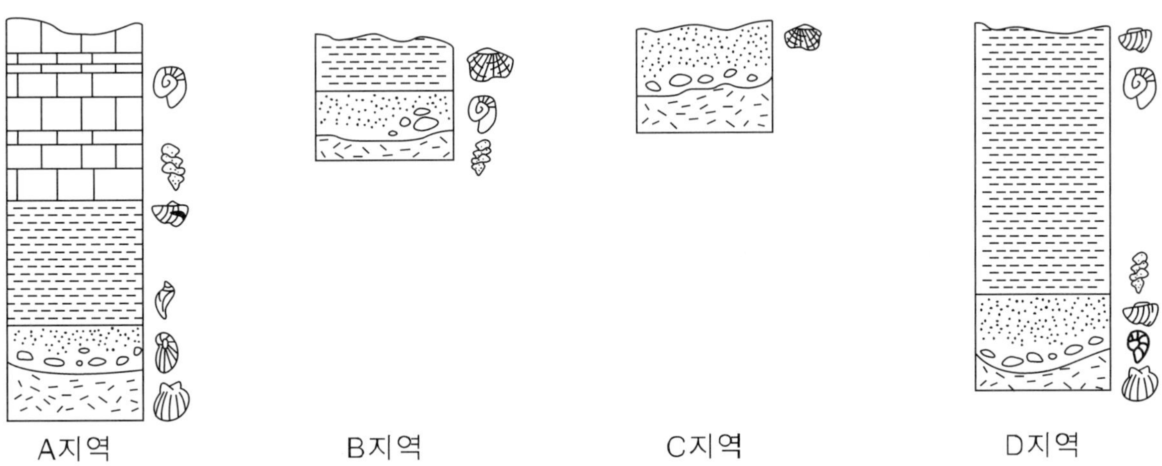

실험참고자료

1. 지층의 대비

지층이 퇴적될 당시의 기후, 퇴적지의 깊이, 주위의 지질 등이 비슷하면 퇴적된 지층의 순서나 성질이 비슷해지는데, 이러한 점을 이용하여 멀리 떨어져 있는 지층의 시간적 선후 관계와 이들 중 어느 지층이 같은 시기에 생성되었는가를 밝히는 것을 지층 대비라고 한다.

2. 지층 대비의 방법

암석의 성질에 근거를 둔 암질에 의한 대비와 지층에 포함된 화석에 근거한 생물 층서 대비 및 지질학적 시간과 연령에 근거를 둔 시간 층서 대비 방법 등이 있다.

(1) 암상의 유사성

서로 다른 각각의 암석 단위는 색, 성분, 퇴적구조, 조직 등에 의해 구별된다. 관찰한 층의 단면도를 대비할 때, 특히 비교적 좁은 지역일 경우 지층에서 가장 신뢰할 수 있는 암석학적 특징을 이용해야 한다. 암석 단위 내에서 가장 중요한 건층(열쇠층)이 정해지면 넓은 지역에 분포하는 층군의 대비도 가능해 진다.
이러한 건층이나 기준층은 지역적 규모에서나 광역적 규모에서나 모두 중요한 것으로 가장 좋은 기준층으로는 넓게 분포한 응회암, 얇은 흑색 셰일, 비교적 두꺼운 층상 처트층 등이 있다.

(2) 고생물학적 기준

암석 단위에 포함되어 있는 특정한 화석군을 이용한 대비는 넓은 지역을 대비할 때 가장 신뢰할 수 있는 방법이다. 광범위한 분포 지역과 짧은 생존 기간을 가진 표준화석은 좁은 지역의 대비에 유용할 뿐만 아니라 넓은 지역의 대비에도 필수적이다.

Ⅲ. 대기·해양의 탐구

[실험 14] 단열변화와 구름의 발생

사전실험안내서

[읽고 생각해 보기]

상승하는 공기덩어리는 단열 팽창하게 되므로 냉각된다. 이때 내부 온도가 이슬점 온도와 같아지면 수증기가 응결되면서 구름이 형성된다. 이러한 내부 온도 변화는 외부로부터의 열의 출입에 의한 것이 아니라 공기의 압축과 팽창에 의해 일어나는 것이다.

[탐구내용]

1. 공기덩어리 내부의 단열변화에 의한 온도 변화를 열역학 법칙과 연관지어 설명해 보자.
2. 공기덩어리 내부 상태(건조, 습윤)에 따라 온도 변화는 어떻게 달라지며, 그 이유는 무엇인지 설명해 보자.

[실험 설계]

1. 물, 페트병, 향 연기를 이용하여 단열 팽창 현상을 관찰할 수 있는 실험을 설계해 보자.

[실험 응용]

1. 야외에서 휴대용 가스 기구를 사용한 후 가스통을 살펴보면 가스통 표면에 물방울이 맺혀 있는 것을 볼 수 있다. 또한 스프레이 제품을 사용한 후 표면을 만져 보면 매우 찬 것을 알 수 있다. 단열변화와 연관지어 그 이유를 설명해 보자.

2. 공기의 상대 습도가 100 %가 되면 수증기가 응결되어 구름이 생긴다. 그러나 상대 습도가 400 %가 되어도 수증기가 응결되지 않고 존재할 수 있다. 그 이유를 응결핵 여부와 연관지어 설명해 보자.

[실험 14] 단열변화와 구름의 발생

실험안내서

제목	단열변화와 구름의 발생	날짜	년 월 일
실험목표	· 단열변화에 의한 온도 변화를 설명할 수 있다. · 단열변화에 따른 구름의 생성 원리를 설명할 수 있다. · 구름의 발생에서 응결핵의 역할을 탐구할 수 있다.		
준비물	단열변화 실험세트, 온도계, 성냥, 향, 실온의 물		

1. 실험 방법 및 과정

(1) 다음 단열변화 실험세트 속에 실온의 물을 넣고 잘 흔들어 준다.

(2) 온도계의 눈금을 읽은 후 상단부에 있는 밸브를 잠그고 내부의 온도와 압력을 기록한다.

(3) 공기 펌프로 실험세트 내부를 압축시킨다.

(4) 플라스크 내부의 공기를 압축시키면서 내부에서 일어나는 변화와 온도 및 압력 변화를 관찰한다.

(5) 잠시 후 잠근 밸브를 열어 플라스크 안의 공기를 팽창시켰을 때, 플라스크 내부에서 일어나는 변화와 온도 변화를 관찰한다.

(6) 플라스크 속에 향을 태운 연기를 조금 넣고, 같은 실험을 되풀이 하면서 플라스크 내부에서 일어나는 변화를 관찰한다.

2. 실험 시 유의사항

(1) 플라스크 내부의 공기를 압축시킬 때, 공기가 새어 나지가 않도록 밀폐시키고 실험한다.

(2) 물을 넣을 때 외부 온도와 내부 온도를 같게 유지시키고 실험한다.

(3) 디지털 온도계(또는 MBL)를 이용하면 온도 변화를 정확하게 읽을 수 있다.

3. 결과 정리 및 토의

(1) 온도 변화 결과를 다음과 같이 정리해 보자.

실시 횟수	압축 전		압축 후		팽창시켰을 때의 온도(℃) (밸브 개방)
	온도(℃)	압력	온도(℃)	압력	
1회					
2회					
3회					

(2) 실온의 물을 넣고 플라스크를 흔들어 주는 이유에 대하여 생각해 보자.

(3) 밸브를 막고 공기를 압축시켰을 때 온도 변화는 어떠하며 그 이유는 무엇인지 생각해 보자.

(4) 밸브를 열어 플라스크의 안의 공기를 팽창시켰을 때 온도 변화와 압력 변화는 어떠하며 그 이유는 무엇인지 생각해 보자.

(5) 향 연기를 넣었을 때와 넣지 않았을 경우의 변화는 어떠하며 이것은 어떤 역할을 하는가? 이와 같은 역할을 하는 물질에는 어떤 것이 있는가?

(6) 구름이 발생(응결)하는 과정을 이 실험과 연관시켜 설명해 보자.
(사용할 용어 : 포화 수증기압, 단열 팽창, 내부 온도, 이슬점 온도)

(7) 구름과 안개는 각각 어떠한 차이점이 있는가? 안개의 종류에 대하여 조사해 보고 이 실험과 같은 원리로 생성되는 안개에는 어떤 것이 있는지 알아보자.

4. 생각해 보기

(1) 플라스크 속에 물을 많이 넣지 않고 소량 넣는 이유는 무엇인가?

(2) 인공강우란 무엇인지 생각해 보자.

실험참고자료

1. 구름과 안개

(1) 구름 : 수증기가 높은 고도에서 포화되어 응결하여 떠 있는 것

(2) 안개 : 지표 부근에서 포화되어 응결되어 있는 것

2. 구름의 생성 메커니즘: 공기의 상승운동에 의한 단열변화

외부와의 열 출입이 차단된 닫힌 계 내부에서 온도가 변하는 것은 단열변화라고 하는데, 상승하는 공기덩어리는 위로 올라갈수록 주변 기압이 낮아져 단열 팽창하게 된다. 팽창할 때 필요한 에너지는 외부로부터 온 것이 아니라, 공기덩어리 자체의 내부 에너지의 소모(온도 하강)로 충당하게 된다. 따라서 공기덩어리가 상승할수록 온도가 낮아져 이슬점 온도에 이르면 응결하게 된다.

$$\Delta U = Q + W$$

(ΔU : 내부 에너지의 변화, Q : 계가 얻은 열, W : 계가 얻은 일)

$$W = -P\Delta V \quad (P : \text{압력}, \ \Delta V : \text{부피 변화})$$

$$\Delta U = C_v \Delta T \quad (C_v : \text{정적비열}, \ \Delta T : \text{온도 변화})$$

단열 과정이므로 $Q = 0$이고 $C_v \Delta T = -P\Delta V$이다.

단열 팽창하게 되면 부피가 커지므로 ΔV가 양수가 된다. 따라서 ΔT는 음수이다. 즉 온도가 내려가게 되는 것이다.

[실험 15] 일기도 그리기

사전실험안내서

[읽고 생각해 보기]

지상 일기도는 어느 지역의 특정 시기의 일기 상황을 한눈에 알아보기 쉽도록 각종 기상 요소(기압, 습도, 기온, 이슬점, 운량, 풍속, 풍향 등)를 규칙에 따라 기입하여 나타낸 것이다. 일기도를 이용하면 각 지역의 일기를 알 수 있으며, 또한 연속된 일기도를 이용하여 앞으로의 일기 변화 상황도 예측할 수 있다.

[탐구내용]

1. 다음 실험과 관련된 용어를 정리해 보자.

- 일기
- 이슬점 온도(℃)
- 기압(hPa)
- 전선(온난전선, 한랭전선)
- 고기압
- 저기압

[실험 설계]

※ [그림 1]의 일기 기호 표시 방법을 참고하여 [그림 2]의 일기도에 나타난 기상 요소를 해석해 보자.

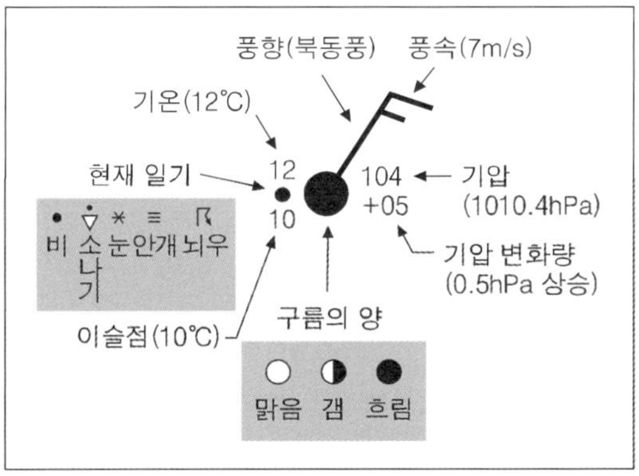

그림 1. 일기 기호 표시 방법

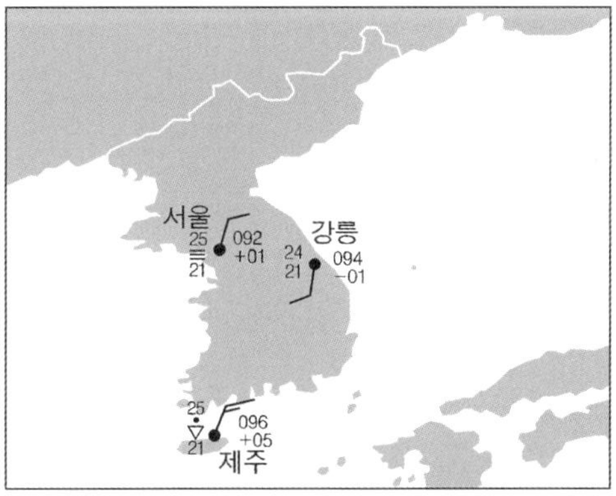

그림 2. 일기 기호 표시의 예

1. [그림 1]을 참고하여 [그림 2]에 표시된 각 지방의 일기 요소를 읽어 다음 표를 완성해 보자.

지점	기온(℃)	이슬점(℃)	날씨	운량	풍향	풍속(m/s)	기압(hPa)	기압 변화량(hPa)
서울								
강릉								
제주								

2. 부산의 기상 요소들을 일기 기호로 표시해 보자.

지점	기온(℃)	이슬점(℃)	날씨	운량	풍향	풍속(m/s)	기압(hPa)	기압 변화량(hPa)
부산	25	21	흐림	흐림	SE	9	1009.4	0.4 증가

[실험 응용]

1. 일기 예보 활동이 어떤 순서로 어떻게 이루어지는지 조사해 보자.

[실험 15] 일기도 그리기

실험안내서

제목	일기도 그리기	날짜	년 월 일
실험목표	· 일기도에 사용되는 기호를 사용하여 일기도를 그릴 수 있다. · 일기도를 이용하여 일기 예보를 할 수 있다.		
준비물	일기도(첨부), 색연필(청·적색), 연필		

1. 실험 방법 및 과정(등압선 그리는 방법)

(1) 보고서에 제시된 일기도에서 관측지의 기압은 소수점 없이 십의 자리와 일의 자리만 표시되어 있다. 따라서 십의 자리가 0~4일 때는 '10'이, 5~9일 때는 '9'가 생략되어 있다고 본다.

※ 소수점 자리가 있는 경우는 소수점 첫째 자리까지 표시한다.

예) 13 → 1013hPa, 96 → 996hPa

135 → 1013.5hPa, 965 → 996.5hPa

(2) 등압선은 연필로 부드럽게 그려서 확정이 된 후에 흑색이나 청색의 실선으로 그린다.

(3) 등압선은 다음과 같은 요령으로 그린다.

① 등압선은 1000hPa 등압선을 기준으로 하여 대개의 경우 4hPa 간격으로 그린다. 단 등압선의 간격이 너무 드물어서 분포가 일정하지 않을 경우에는 중간에 2hPa 간격선을 파선으로 삽입한다.

② 등압선은 그리기 쉬운 곳(자료가 많은 육지나 기압치가 조밀한 곳), 또 자료의 신빙성이 큰 곳부터 묘화하기 시작하여 주위로 연장시킨다.

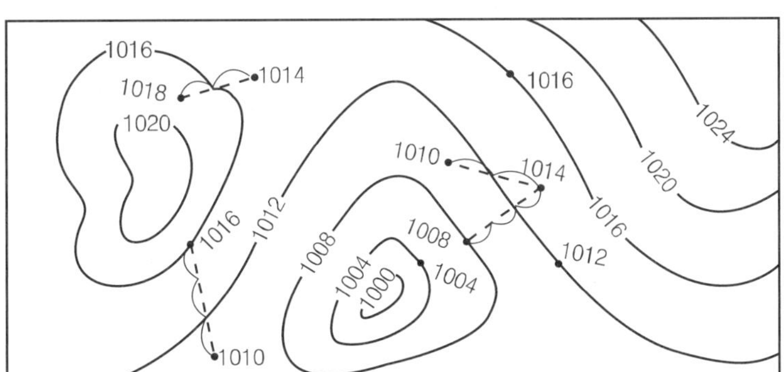

내삽, 외삽의 원리

③ 관측 값이 없는 경우는 내삽, 또는 외삽법의 원리로 이웃하고 있는 두 지점의 간격을 비례로 나누어서 부드럽고 매끈한 곡선으로 그린다.

④ 전선이 있는 경우는 등압선이 휘도록 연결한다.

⑤ 한 선으로 연결되는 등압선은 양쪽 끝에 기압을 표시하고, 폐곡선의 경우는 위쪽(북쪽) 중앙에 등압선을 끊고 기압을 기입한다. 저기압의 중심은 적색으로 L(low pressure)로 고기압의 중심은 청색으로 H(high pressure)로 표시한다.

⑥ 연습 일기도(첨부자료)를 완성하고 고·저기압을 표시한다.

[탐구활동 Ⅰ]

※ 실험 원리와 방법 및 과정에 따라 다음 첨부 자료로 제시된 [일기도Ⅰ]의 등압선을 그리고 다음 문항에 따라 일기도를 분석해 보자.

① 일기도의 등압선을 그리시오.

② A, B, C 지역의 기압 배치를 설명하시오.

③ A 지역 부근의 풍향은 어떠한지 설명하시오.

[탐구활동 Ⅱ]

① 탐구활동Ⅰ과 같은 방법으로 제시된 [일기도 Ⅱ]의 등압선을 그린다.

② [일기도 Ⅱ]의 등압선 분포를 보고 전선은 주로 어떠한 등압선 배치 상태에서 나타나는지 생각해 보자.

③ 전선 부근의 풍향의 변화는 어떠한가?

④ 등압선과 풍향이 이루는 방향은 어떠한가?

⑤ 위의 일기도에서 고·저기압의 중심 기압은 몇 hPa 정도인가?

2. 결과 정리 및 토의

(1) 탐구활동Ⅱ의 [일기도 Ⅱ]에서 그려진 전선들에는 어떤 것들이 있으며, 그 성질은 어떠한지 알아보자.

(2) 탐구활동Ⅱ의 [일기도 Ⅱ]에서 앞으로 편서풍을 타고 온대저기압이 일기도에 표시된 방향으로 이동할 때, 대구 지방의 날씨 변화에 대하여 간단하게 예측해 보자.

(현재 날씨부터 온대저기압이 완전히 빠져 나갈 때까지의 날씨 변화에 대하여 서술하시오)

연습일기도

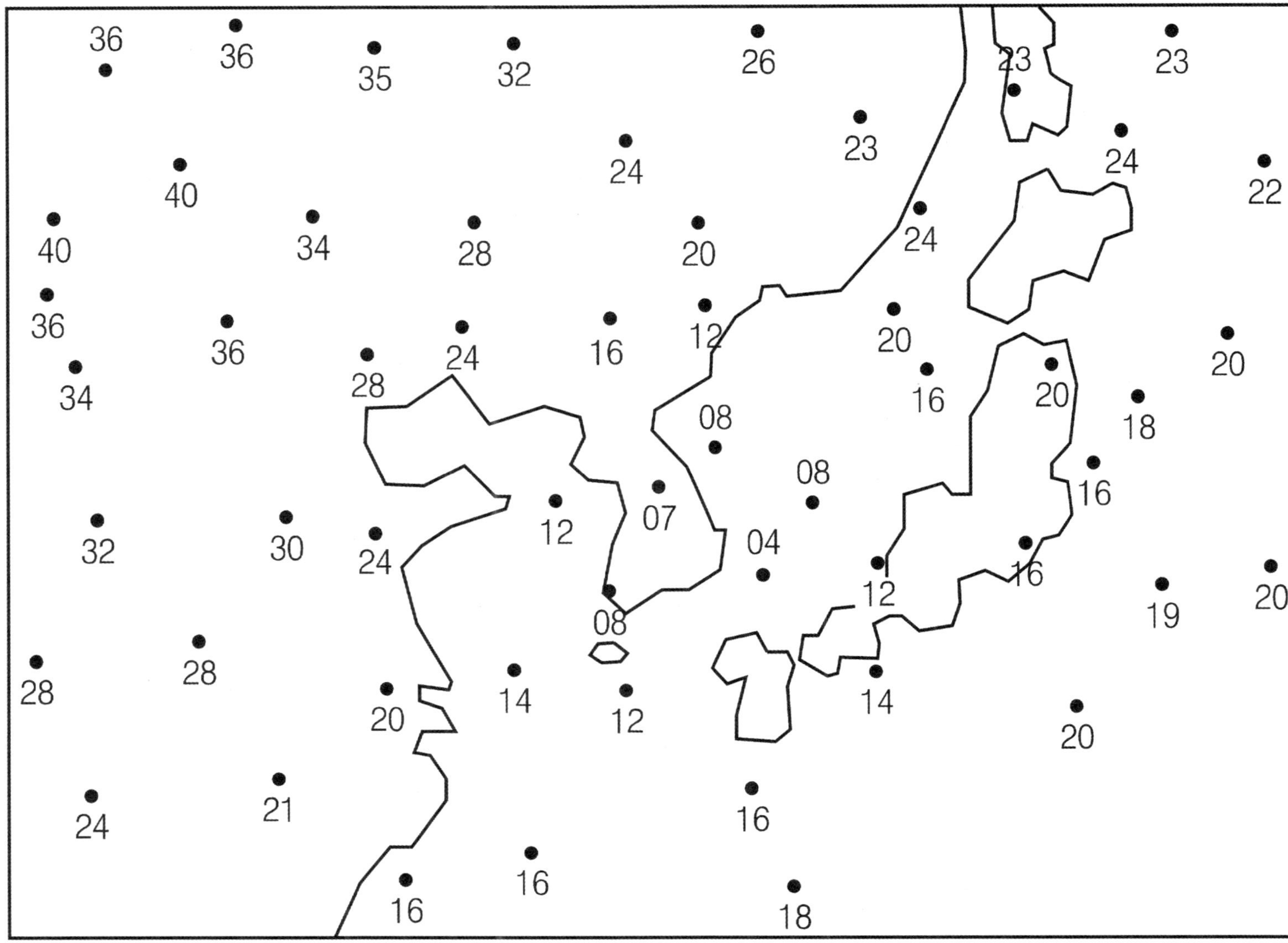

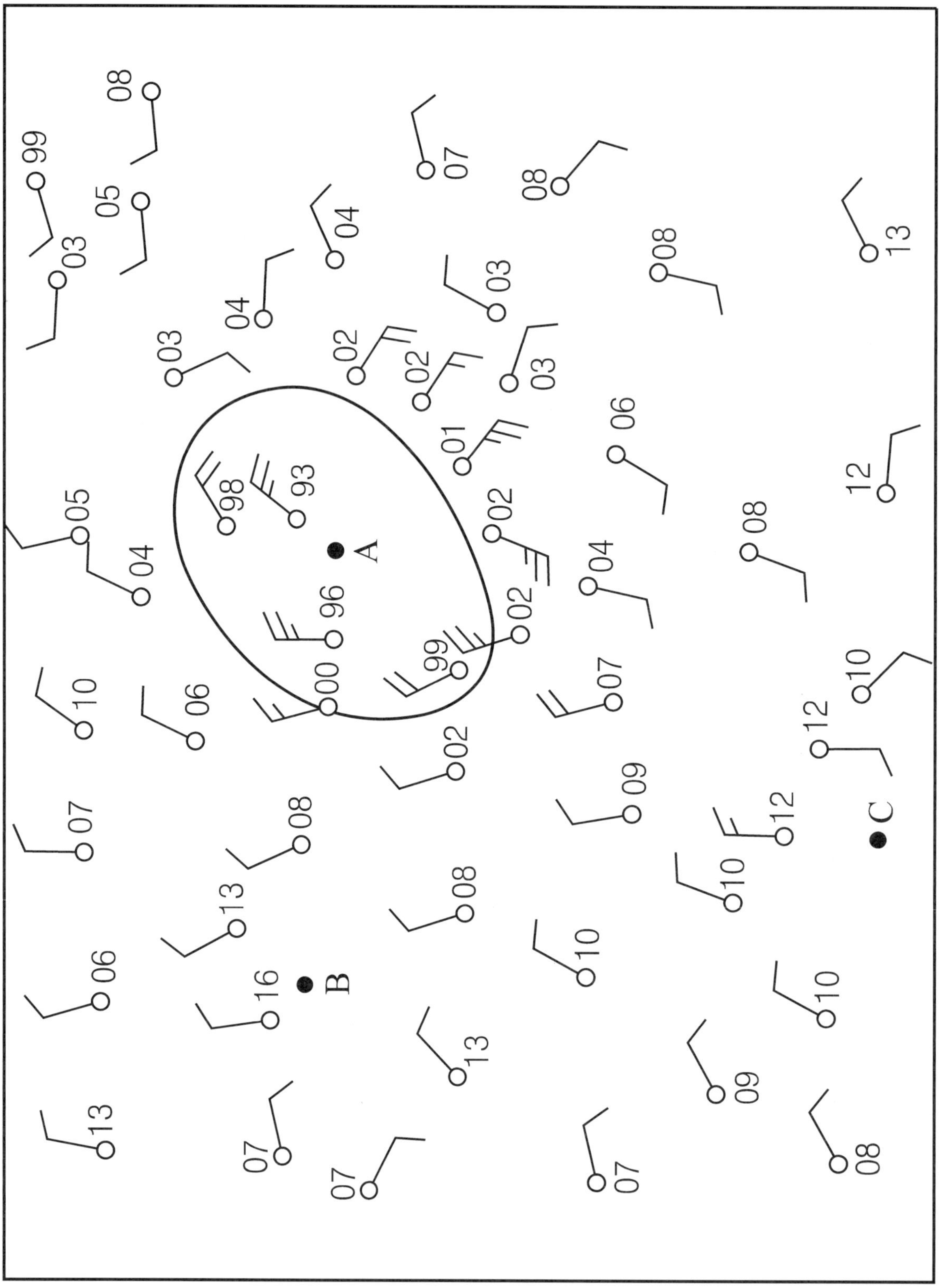

일기도 I

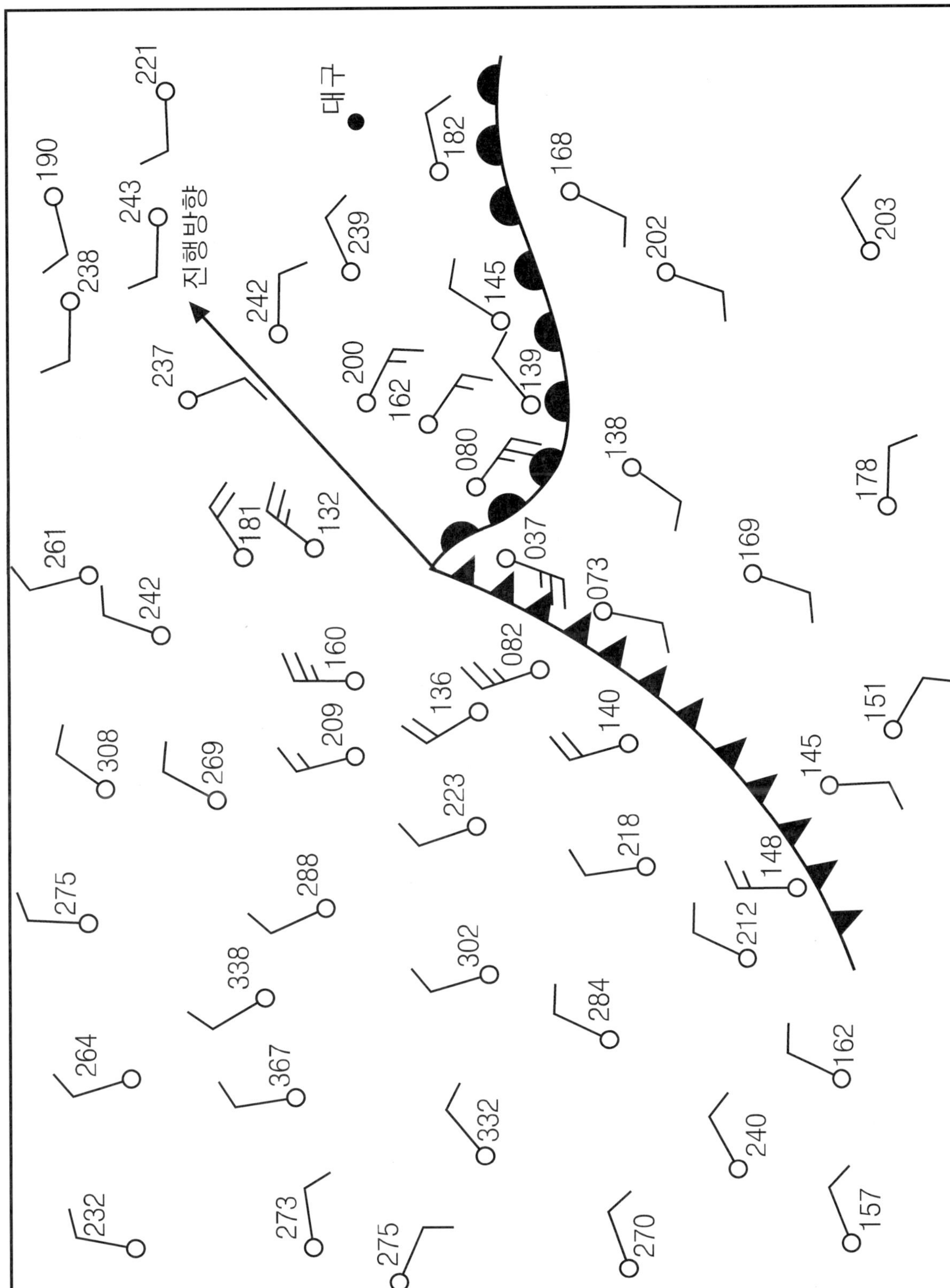

일기도 II

실험참고자료

1. 일기도

(1) 일기(날씨) : 비교적 짧은 기간 동안의 기온, 기압, 바람, 강수량 등으로 나타낼 수 있는 대기의 상태

(2) 기상 요소 : 기온, 풍속, 풍향, 구름, 기압 등 기상 상태를 나타내는 요소

(3) 일기도 작성과 일기 예보

① 일기도 및 일기 기호

- 같은 시각에 여러 지점에서 관측한 기상 요소를 기호나 숫자로 나타내고, 등압선, 고기압, 저기압, 전선 등을 나타낸 지도

② 일기도 등압선 특징

- 등압선은 반드시 폐곡선을 이루거나 일기도의 가장자리에서 끝나게 된다.
- 등압선은 서로 교차하지 않는다.
- 등압선은 두 갈래로 갈라지지도 않으며, 두 등압선이 서로 합쳐지지도 않고, 도중에서 끊어지지도 않는다.
- 등압선을 경계로 한쪽은 등압선의 값보다 높고, 다른 한쪽은 낮게 분포하도록 등압선을 그린다.
- 공기의 대규모적인 운동을 고려하여 등압선의 굴곡이 심하지 않도록 완만한 곡선으로 그려 준다.
- 전선 부근에서 약간 등압선이 굴곡지도록 그려 준다.

2. 일기 예보

(1) 일정한 시간 간격으로 일기도를 작성

(2) 고기압, 저기압, 전선 등의 위치나 세기가 어떻게 변하는지 파악

[실험 16] 일기도 해석

실험안내서

<table>
<tr><td>제목</td><td>일기도 해석</td><td>날짜</td><td>년 월 일</td></tr>
<tr><td>실험목표</td><td colspan="3">· 일기도를 분석하여 현재 및 앞으로의 날씨를 예상할 수 있다.
· 일기도에 나타난 전선의 특징 및 예상 경로를 파악할 수 있다.
· 전선을 중심으로 기온과 날씨의 변화가 급격함을 알 수 있다.</td></tr>
<tr><td>준비물</td><td colspan="3">연필, 지우개</td></tr>
</table>

1. 실험 과정 및 방법

[탐구활동 I]

(1) 아래 그림은 전선을 경계로 두 기단의 기온과 이슬점을 나타낸 것이다.

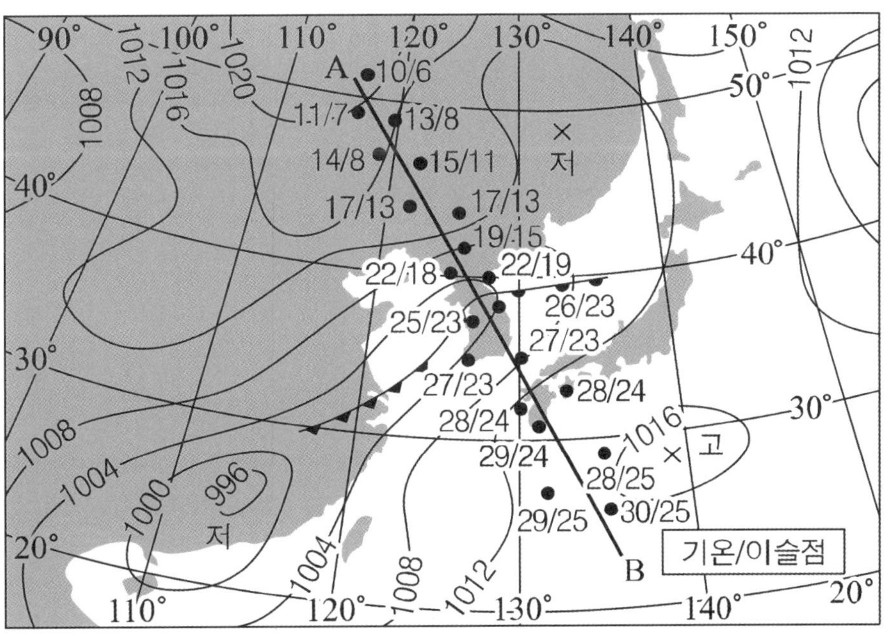

(2) 그래프 위에 투명한 종이를 올려 놓고 가로축에 A–B를 일치시켜서, 세로축에 기온과 이슬점을 적어 본다.

[탐구활동 Ⅱ]

(1) 다음 그림은 12시간 간격으로 그린 연속된 일기도이다.

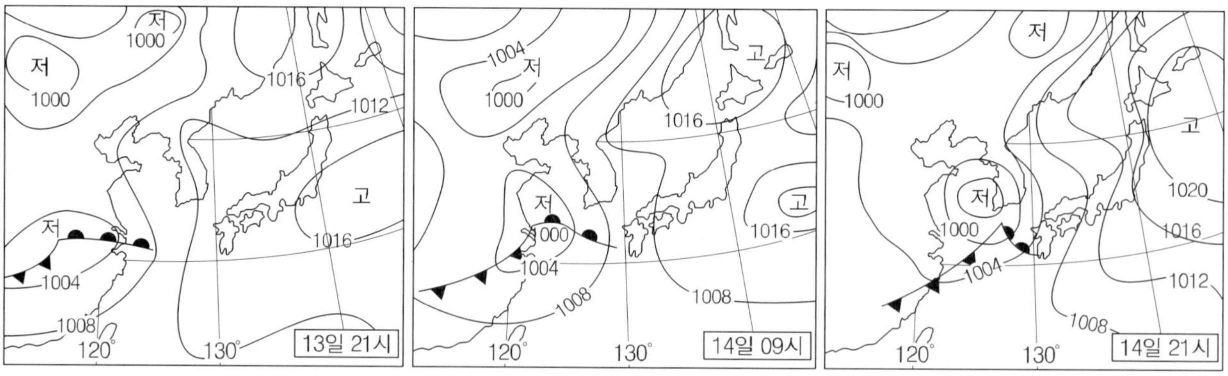

(2) 위의 시간에 따른 일기도의 변화를 보고 시간에 따라 기압계가 이동해 가는 방향과 속도를 잘 분석하고, 또 이동하는 동안 더 발달할 것인지, 쇠퇴할 것인지 예측해 보자.

2. 결과 및 고찰

[탐구활동 Ⅰ]

(1) A-B 선 위에서 기온과 이슬점은 어느 곳에서 급변하는가?

(2) 전선을 경계로 북쪽과 남쪽에는 각각 어떤 성질의 기단이 덮고 있는가?

(3) 현재 부산 지방의 날씨는 어떻겠는가?

(4) 하루 뒤 서울의 날씨는 어떻겠는가?

[탐구활동 Ⅱ]

(1) 13일 21시 현재 우리나라의 날씨에 대해 말해 보자.

(2) 14일 21시 현재 우리나라의 날씨에 대해 말해 보자.

(3) 15일 09시에 우리나라의 날씨가 어떨지 예측해 보자.

3. 생각해 보기

(1) 위 실험을 통하여 우리나라 상공에서의 전선 이동 경향은 어떠하며, 왜 그런지 설명해 보자.

(2) 일반적으로 모든 일기 시스템이 얼마의 속도로 이동해 가고 있는지 탐구활동 Ⅱ의 경우를 보면서 계산해 보시오.

[실험 17] 수온 약층

실험안내서

제목	수온 약층	날짜	년 월 일
실험목표	· 해양에서 수온의 연직 분포를 설명할 수 있다. · 수온의 연직 분포를 기준으로 해양의 성층을 구별할 수 있다. · 혼합층, 수온 약층의 생성 과정을 설명할 수 있다.		
준비물	스탠드 1, 수조 큰 것 1, 온도계 5, 전구 100 W 1, 전기 스탠드 1, 부채 1, 젓기 막대 1, 그래프 용지, 소금 약간		

1. 실험 방법 및 과정

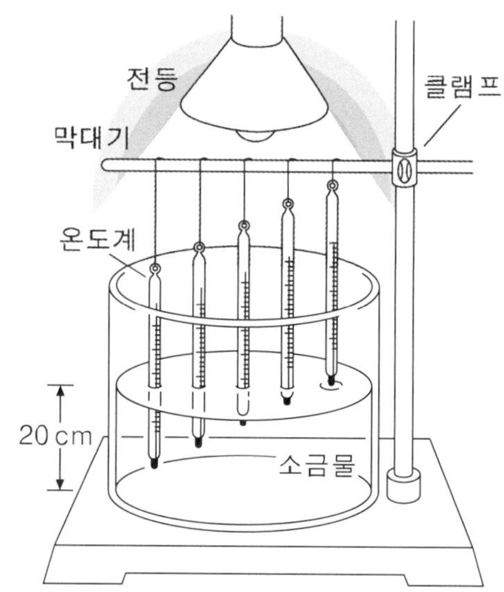

(1) 물 1 L에 소금을 3.5 g의 비율로 용해시켜서 해수와 같은 농도인 35 ‰의 소금물을 만들어 수조에 20 cm 정도의 높이가 되도록 담는다.

(2) 온도계 사이를 1 cm 이상으로 하고, 물에 잠기는 깊이가 각각 1 cm, 3 cm, 5 cm, 7 cm, 9 cm가 되도록 하여 5개의 온도계를 오른쪽 그림과 같이 설치한다.

(3) 온도계를 설치한 후 각 온도계의 눈금을 읽어 기록한다.

(4) 수면 위 30 cm 위치에 전기 스탠드를 설치하여 전원을 연결하고 10분 동안 수면의 위에서부터 가열시킨 다음, 각 층의 온도계의 눈금을 읽어 기록한다.

(5) 계속해서 전기 스탠드를 켠 상태에서 3분간 수면 위에 부채질을 한 후, 각 온도계의 눈금을 읽어 기록한다.

(6) 위에서 기록한 값을 그래프로 나타낸다(깊이 - 수온).

2. 자료 해석 상의 유의점

(1) 모눈종이의 세로축에 깊이를 등간격으로 표시하고 각 깊이에 매월의 수온을 점으로 찍은 다음 연결한다.

(2) 각 해역에서의 그래프는 각각 다른 모눈종이를 사용하여 그린다.

(3) 해양에 항상 수온 약층이 존재하는 것이 아니다. 또한 존재하더라도 그 강도, 두께, 깊이 등은 서로 다르므로 이러한 점에 유의하면서 그래프를 그려야 한다.

3. 결과 정리 및 토의

(1) 수조의 각 깊이에서 측정한 수온의 값을 〈표 1〉에 기록해 보자.

표 1. 수조의 깊이에 따른 수온의 값

깊이(cm) / 온도(℃)	1	3	5	7	9
처음 온도					
10분 후의 온도					
3분간 부채질 후의 온도					

(2) 〈표 1〉의 값을 깊이에 따른 수온의 변화 그래프로 나타내 보자.

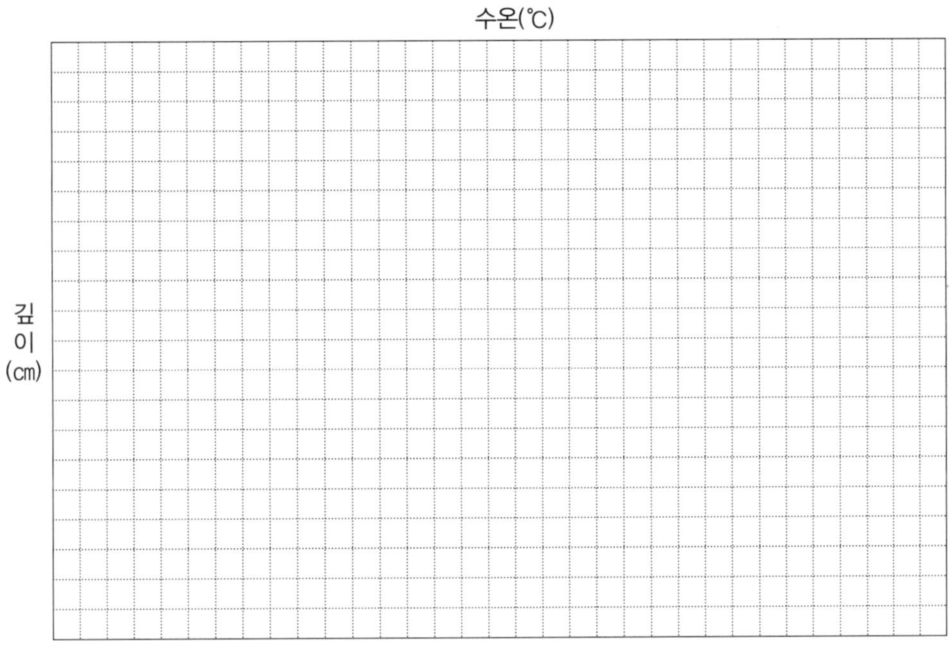

(3) 부채질을 한 결과 그래프상 어떠한 변화가 있는가? 또한 그 이유는 무엇인가?

4. 생각해 볼 점

(1) 수조에 소금을 넣는 이유는 무엇인가? 또한 물과 소금의 비율은 어떻게 정할 수 있는가?

(2) 부채질은 자연현상 중 어떤 것에 대응되는가?

실험참고자료

수온에 따른 해수의 수직 분포

1. 수온 약층

수온 약층(thermocline)이란 수온의 수직 변화가 크게 나타나는 층으로, 표층에서 수온이 높고 바람에 의해 대류가 일어나는 혼합층과 심해에서 수온이 낮고 비교적 안정한 심해층 사이에 존재하는 전이층이다. 수온 약층이 존재하는 깊이를 혼합층 깊이(mixed layer depths;MLD)라 하는데, 이것은 바람에 의한 혼합의 정도, 태양 복사 에너지의 양 및 해류 등에 의하여 결정된다.

우리나라 각 해양에서 나타나는 계절에 따른 혼합층 깊이의 변화는 다음과 같다. 여름철 동해의 혼합층 깊이는 주로 태양 가열로 인해 기온과 수온의 차이가 크기 때문에 깊이 15 m의 층에 존재한다. 그러나 황해에서는 대륙에서 흘러들어 오는 연안수의 영향으로 깊이 15 m보다 얕다. 가을이 되면 동해의 혼합층 깊이는 기온이 내려가면서 상대적으로 수온이 높아져 대류 작용이 활발하게 일어나고, 또한 북서 계절풍이 발달하여 혼합이 활발해지므로 30~45 m 아래로 내려간다. 겨울철에는 여름철과 대조적으로 대류에 의해 동해 근해역에서는 혼합층 깊이가 더욱 깊어져 60~90 m 아래로 내려간다. 이어 봄철이 되면 해수의 표면이 가열되면서 혼합층 깊이는 점차 얕아져 30~45 m 사이에 존재하게 된다.

2. 우리나라 해양의 관측 자료

실제로 수온 약층에 관한 탐구활동은 수조를 이용한 실험보다는 실제 관측치를 이용하여 깊이에 따른 수온의 연직 분포를 나타내는 방법도 가능하다.

〈표 2〉~〈표 4〉의 자료는 우리나라 황해(309-07정점), 동남해(207-04정점) 및 동해(104-11정점)에서 이루어진 수심과 수온에 관한 월별 관측 자료이다. 이를 이용하여 수온 약층을 구해 보는 것도 좋은 탐구활동이 된다.

표 2. 해양 수온 관측 자료(309-07정점, 황해) (수심:m, 수온:℃)

수심 \ 수온	2월	4월	6월	8월	10월	12월
0	5.63	8.14	17.99	24.55	20.73	10.25
10	6.01	6.70	12.93	23.15	20.40	10.55
20	5.97	6.37	12.34	21.55	20.35	11.16
30	5.94	6.37	10.40	19.48	19.10	10.51
50	5.96	6.41	7.68	18.04	12.82	11.26

표 3. 해양 수온 관측 자료(207-04정점, 동남해) (수심:m, 수온:℃)

수심 \ 수온	2월	4월	6월	8월	10월	12월
0	14.55	15.09	17.69	22.00	23.16	19.20
10	14.61	14.72	17.20	21.13	23.11	19.25
20	14.64	14.68	16.46	20.74	23.12	19.31
30	14.64	14.45	16.38	20.20	23.11	19.45
50	14.63	14.40	15.28	17.21	19.59	19.60
75	14.53	14.23	14.35	16.76	17.61	19.79
100	14.39	14.16	14.29	15.21	14.78	19.30
125	14.33	13.82	14.01	14.91	14.75	19.30
150	14.19	12.95	12.47	5.47	7.21	19.25
200	13.99	12.03	10.92	4.63	4.15	11.49

표 4. 해양 수온 관측 자료(104-11정점, 동해) (수심:m, 수온:℃)

수심 \ 수온	2월	4월	6월	8월	10월	12월
0	10.91	13.01	19.10	19.90	16.31	14.51
10	10.91	12.69	19.09	19.41	16.12	14.40
20	10.91	12.46	18.17	17.13	15.74	14.38
30	10.91	12.19	17.90	15.50	15.31	13.25
50	10.80	11.28	14.17	12.05	14.78	11.88
75	10.91	10.93	12.04	9.07	11.43	10.86
100	10.60	10.05	10.63	9.31	9.53	9.16
125	10.30	9.31	10.50	6.30	7.24	7.28
150	9.79	8.15	10.40	6.79	5.95	6.23
200	8.68	3.77	10.59	5.46	3.77	5.95
250	5.31	2.05	8.74	1.95	1.79	3.10
300	3.78	1.51	4.51	1.57	1.45	2.73
400	2.17	1.08	2.58	1.59	0.99	1.18
500	1.56	0.77	0.97	0.62	0.83	0.69

[실험 18] 해수의 수온-염분-밀도 사이의 관계

실험안내서

제목	**해수의 수온-염분-밀도 사이의 관계**	날짜	년 월 일
실험목표	해수의 수온, 염분과 밀도 사이의 관계를 이해하고 수직적인 해수의 흐름의 원인을 설명할 수 있다.		
준비물	활동지, 계산기, 기록지		

해수의 밀도는 주로 수온과 염분의 함수이다. 해수의 평균 밀도는 1.020~1.031 g/cm^3, 수심 1000 m에서 1.027 g/cm^{3}이다. 해수의 밀도는 염분이 증가할수록, 수압이 커질수록, 수온이 내려갈수록 커진다. 바다는 밀도의 차이에 따라 층을 이루고 있다. 밀도가 가장 큰 물이 바닥에 위치하여 안정된 층을 이루고 있다. 다른 예로, 극지방의 표면에서는 얼음이 형성되는 동안에 만들어진 매우 차고 염분이 높은 짠물이 주위의 물보다 무거워서 심층으로 가라앉는다. 이처럼 해수의 수온, 염분, 밀도의 복잡한 관계를 잘 이해해야 수직적인 물의 이동에 대해 잘 설명할 수 있다.

이 실험에서는 먼저 담수(fresh water)의 밀도와 수온의 관계를 알아보는 것을 시작으로, 계절과 깊이에 따른 수온과 밀도 변화를 조사하고자 한다. 아울러 해양의 밀도 구조를 실험을 통해서 알아보고자 한다.

[실험 방법 및 과정]

1. 담수의 수온-밀도 관계

대부분의 물질은 차가워지면 수축하여, 좀 더 조밀해진다. 담수(fresh water) 또한 대부분의 온도에서는 이와 같은 현상을 보인다. 그렇지만 0~4 °C의 범위에서는 오히려 담수가 차가워질수록 덜 조밀해진다. 다음 〈표 1〉은 수온의 함수로서 물의 밀도를 나타낸 것이다(얼음 0 °C의 밀도는 0.9167 g/cm^3).

표 1. 담수의 수온과 밀도

수온 (℃)	밀도 (g/㎤)
0	0.999868
1	0.999927
2	0.999968
3	0.999992
4	1.000000
5	0.999992
10	0.999728
15	0.999127
16	0.998970
17	0.998802
18	0.998623
19	0.998433
20	0.998232
23	0.997567
25	0.997074

문제 1. 〈표 1〉의 데이터 값을 가지고, 다음 그래프 종이에 수온의 함수로서 물의 밀도를 표시하시오.

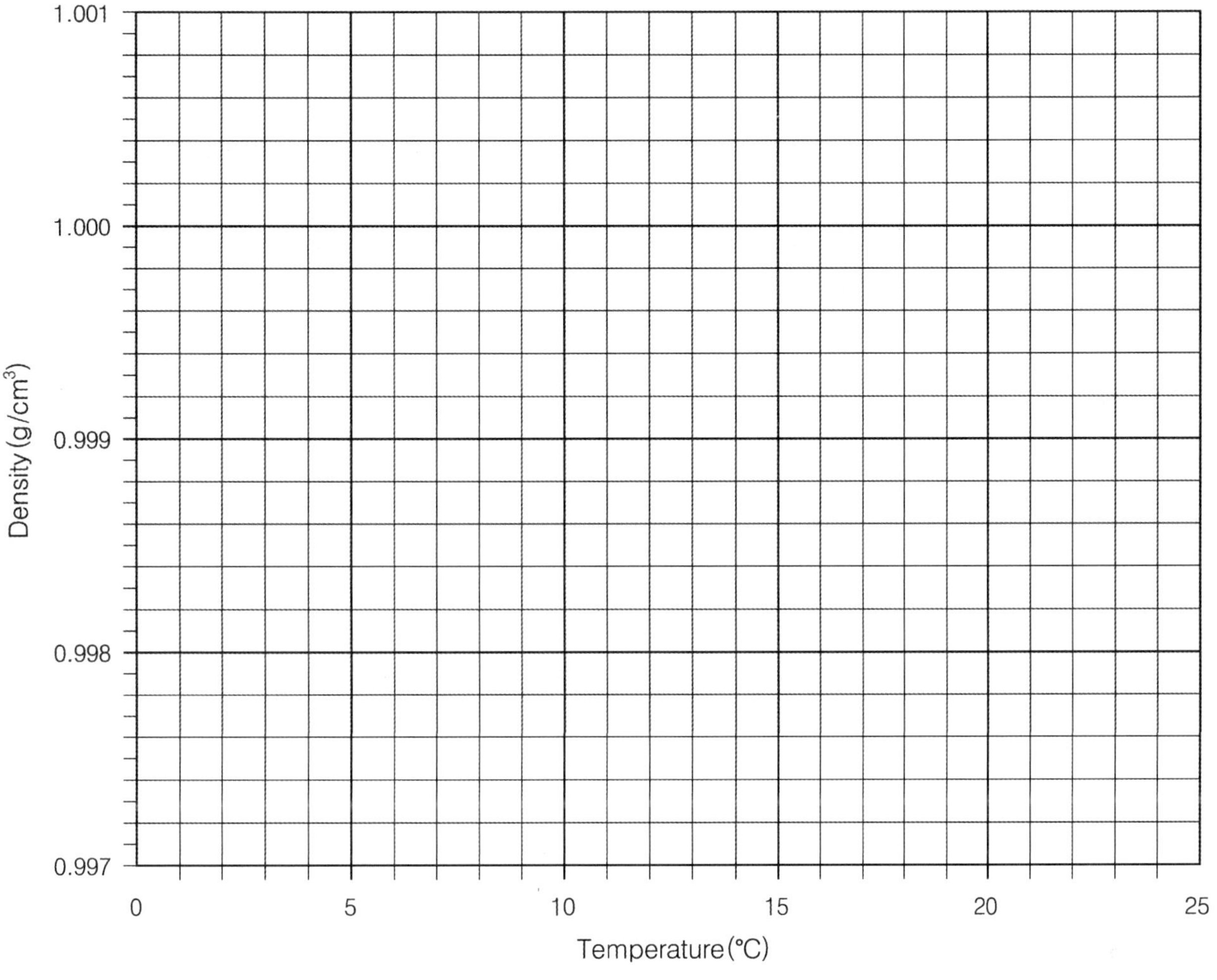

2. 아래 [그림 1]은 수온과 밀도를 깊이에 따라 나타낸 다이어그램(Bathythermogram)이다.

일반적으로 수평축에는 수온을, 수직축에는 물의 깊이를 표시하였으며, 물의 깊이는 표면(깊이 = 0)에서 아래쪽으로 갈수록 값이 증가한다. 액체의 성질 중 가장 기본은 밀도가 낮은 액체가 항상 밀도가 높은 액체 위에 뜬다는 사실이다. 이러한 성질 때문에 기름은 물 위에 뜬다. 또 다른 예로 어떤 호수나 바닷물의 바닥이 주위의 물보다 밀도가 낮다면, 그 물은 불안정해질 것이며 좀 더 밀도가 높은 위쪽으로 떠오르게 될 것이다.

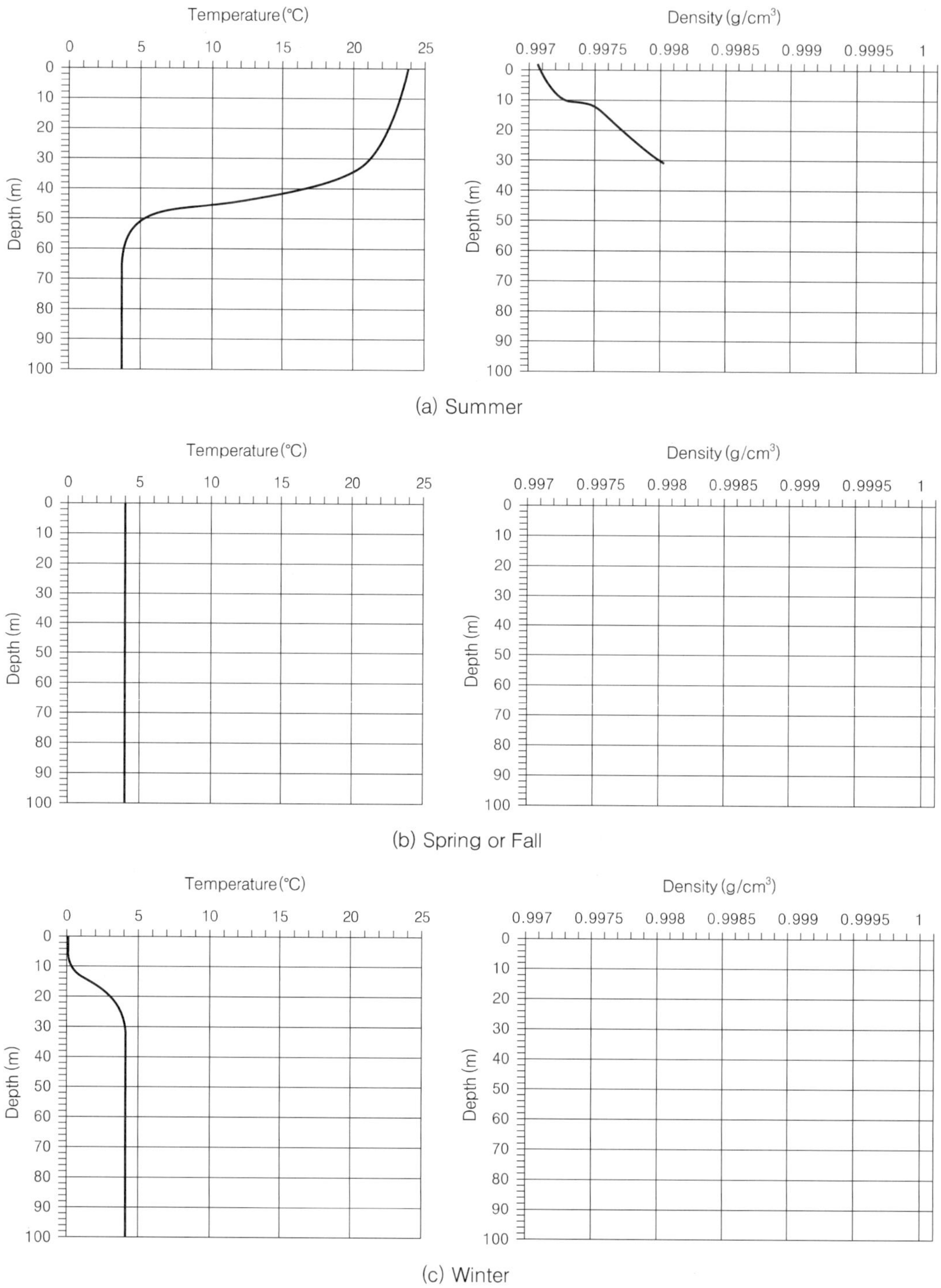

그림 1. 계절에 따른 Bathythermograms

문제 2. [그림 1]은 여름, 겨울, 봄(혹은 가을)에 깊이에 따라 수온을 측정한 값을 도식한 다이어그램이다. 〈표 1〉의 데이터 값과 이 값들을 도식화한 그래프를 사용하여 [그림 1]에서 알 수 있는 계절에 따른 물의 깊이와 밀도의 관계를 설명하시오.

3. 염분의 단위

염분(Salinity of seawater)은 해수 1 kg 속의 염류의 양(g)을 말한다. 염분의 단위는 parts per thousand(ppt라고 쓰기도 한다) 또는 퍼밀(per mil)로 사용하기도 한다. 기호는 ‰이다.

Salinity(염분) = 염류의 양 (g)/1 kg의 해수 [g/kg : 퍼밀, ‰]이다.

최근에는 1기압 15 ℃ 상태에서 해수의 전기전도도를 측정하여 염분을 구한다. 이때 단위는 psu(practical salinity unit) 실용염분 단위를 사용한다. 35 psu와 35 ‰은 거의 같은 값이다.

문제 3. 당신은 현재 630 g의 해수 샘플을 가지고 있다. 이 해수는 608 g의 물과 22 g의 소금을 포함하고 있다. 이 해수의 몇 %가 소금인지 계산해 보시오.

이 해수의 염분을 퍼밀(‰)로 나타내시오.

4. 해수의 수온과 밀도의 관계

해수의 밀도는 수온과 염분에 의해 결정된다(수압 역시 밀도에 약하게 영향을 준다. 바다 깊은 곳에서는 위에 놓여 있는 물기둥의 무게로 인하여 높은 수압을 받게 되어 결과적으로 아래에 있는 물이 약하게 수축되고 좀더 조밀해진다. 이 실험에서는 해수에 대한 수압의 효과는 시하기로 한다). [그림 2]는 수온(temperature)-염분(salinity) (T-S) 다이어그램으로 모든 가능한 해수 샘플의 밀도들을 나타낸 것이다. [그림 3]에서 커브를 이루고 있는 선(isopyncnals)은 같은 밀도를 나타내고 있다. 예를 들어 수온이 0 ℃에서 34.6 ‰의 염분을 가진 해수의 밀도는 1.028 g/cm^{3}이다.

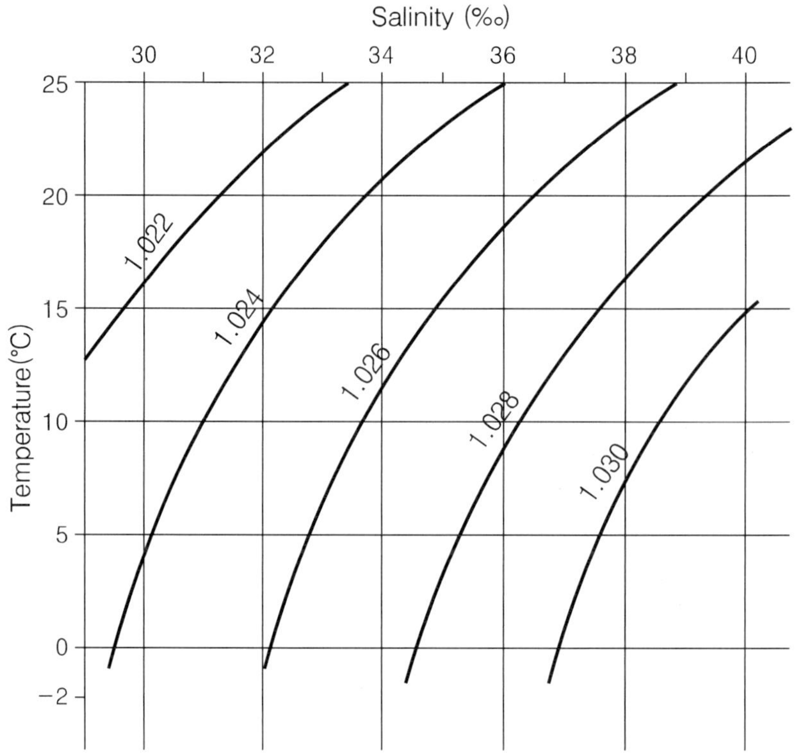

그림 2. 해수의 수온, 염분과 밀도의 관계
(After G.L. Pickard, Descriptive Physical Oceanography, 1963)

문제 4. 수온-염분 다이어그램을 [그림 2]를 이용하여 다음 표를 완성하고, 수온-염분-밀도 사이의 관계를 설명하시오.

샘플	수온(Temperature)	염분(Salinity)	밀도(Density)
1	16	36	
2	0		1.027
3	25	35	
4		35.5	1.024
5		37	1.028
6	4		1.029

[실험 19] 우리나라 주변의 해류

실험안내서

제목	**우리나라 주변의 해류**	날짜	년 월 일
실험목표	· 여름과 겨울의 우리나라 주변 해양의 수온 분포도를 해석한다. · 여름과 겨울의 우리나라 주변 해양의 염분 분포도를 해석하여 차이점을 분석하고, 그 원인을 설명한다.		
준비물	청색 및 적색 볼펜		

1. 실험 방법 및 과정

(1) [그림 1]은 겨울(2월)과 여름(8월)에 우리나라 주변 해양의 표면 수온(℃)을 나타낸 것이다. 각 해양에서 수온이 가장 높은 선과 가장 낮은 선을 적색과 청색으로 구분하고 이들 분포의 특징을 알아본다.

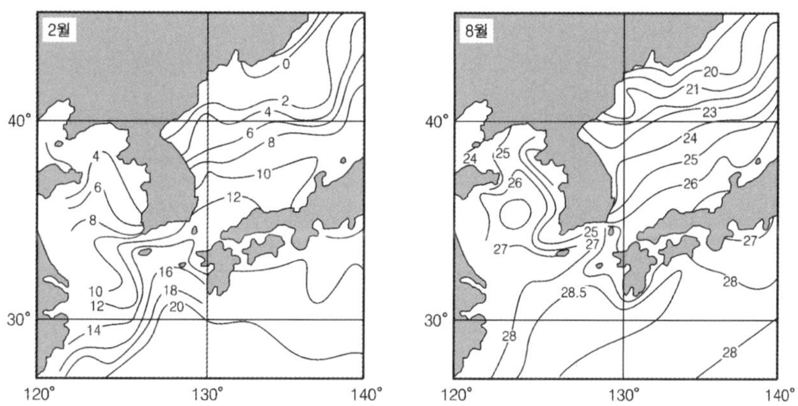

그림 1. 해수면 온도(℃)의 계절 변화

(2) [그림 2]는 겨울(2월)과 여름(8월)에 우리나라 주변 해양의 표층 염분(‰) 분포를 나타낸 것이다. 각 해양에서 염분이 가장 높은 선과 가장 낮은 선을 적색과 청색으로 구분하고, 이들 분포의 특징을 알아본다.

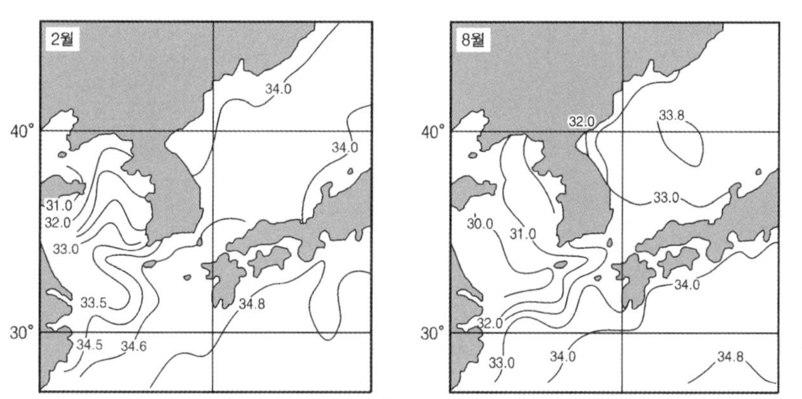

그림 2. 해수면 염분(‰)의 계절 변화

2. 결과 정리 및 토의

(1) 등온선의 분포는 위도에 따라 어떻게 나타나는가? 또 그 이유는 무엇인가?

(2) 겨울과 여름의 수온 분포를 비교할 때, 남북 간의 수온차가 클 때는 언제인가? 또 그 까닭은 무엇인가?

(3) 남해 먼 바다로 나갈수록 염분이 높아지는 이유는 무엇인가?

(4) 겨울보다 여름에 염분이 낮은 까닭은 무엇인가?

(5) 육지에 가까워지면 염분의 등치선이 좁아지는 까닭은 무엇인가?

실험참고자료

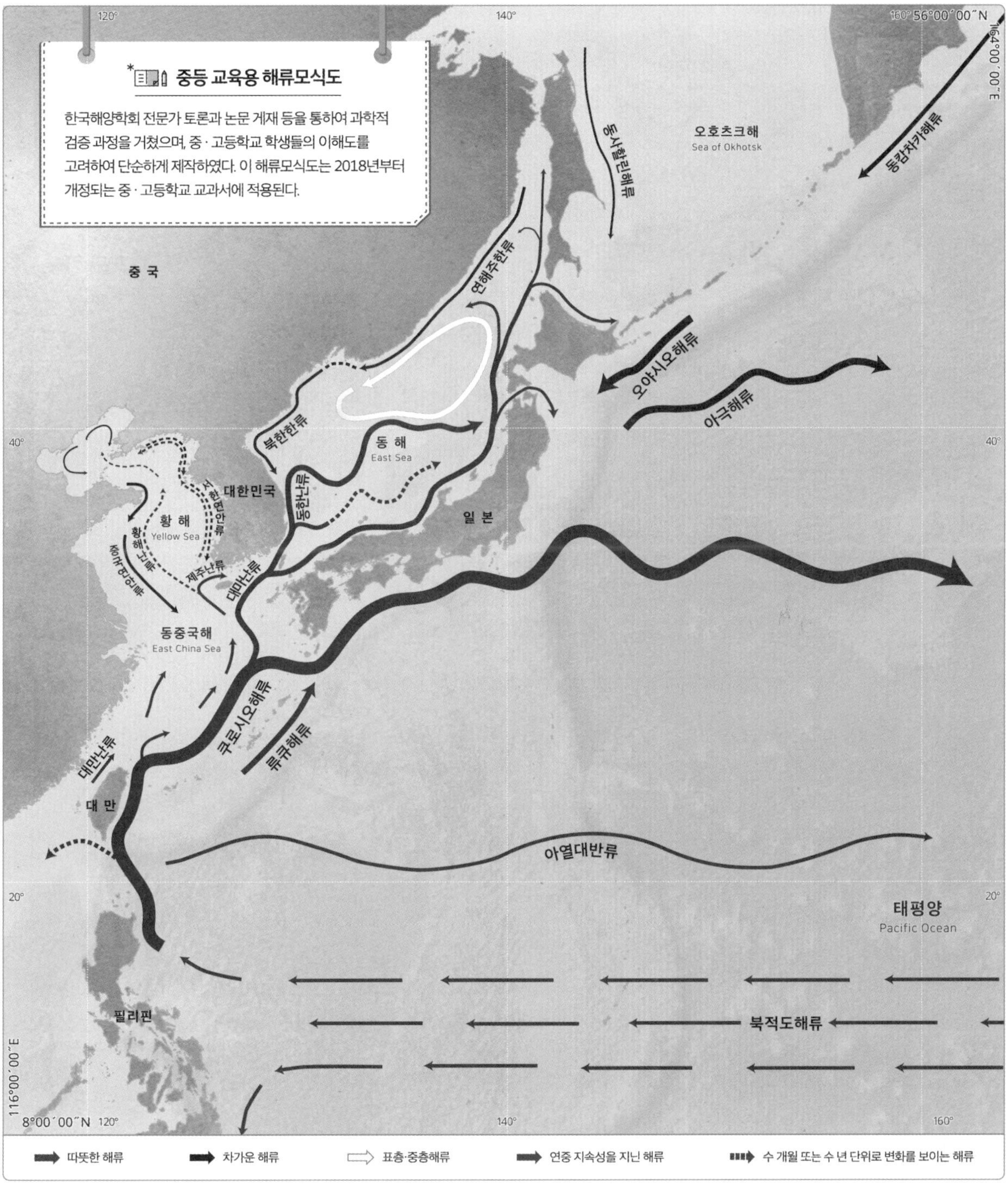

그림 3. 우리나라 주변의 해류모식도(국립해양조사원, 2018)

1. 우리나라 주변 해류의 특징

(1) 동해

① 동해는 좁은 해협을 통해 북태평양과 이어지는 연해로, 평균 수심은 1,540 m이고 가장 깊은 곳의 수심은 4,050 m에 이르는 바다이다.

② 동해 중앙부의 수온은 6~24 ℃, 염분은 33.8 ‰(여름)~34.1 ‰(겨울) 범위에서 변화한다.

③ 동해에서의 해류는 [그림 3]과 같이 연해주한류와 북한한류가 남하하고, 동한난류가 북상하는데, 대체로 강원도 주변 부근에서 만나 울릉도 쪽으로 진행하여 일본 연안에서 대마난류와 합쳐진다.

④ 조차는 매우 작아 0.3 m 정도밖에 되지 않으며 따라서 조류도 미약하다.

(2) 남해

① 남해는 대한해협 서수도로부터 제주해협에 이르는 해역으로 동해와 동중국해에 연결된다.

② 남해 중앙부의 수온은 14~27 ℃ 범위에서 변하고, 염분은 32.0 ‰(여름)~34.0 ‰(겨울) 범위에서 변화한다.

③ 남해에서는 쿠로시오해류의 지류가 북상하여 대한해협을 지나 동해로 유입되고 있다.

④ 조차는 부산에서 1.2 m 정도이고, 서쪽으로 갈수록 더 커져서 완도에서는 3 m 정도가 된다.

(3) 황해

① 평균 수심이 44 m인 대륙붕으로 이루어진 바다이다.

② 수온은 8~27 ℃ 범위에서 변화하고, 염분은 31.0 ‰(여름)~32.0 ‰(겨울) 범위에서 변하고 있다.

③ 황해에서의 해류는 조석 현상과 바람의 영향으로 변화하므로, 연중 지속성을 지닌 해류는 확인되지 않는다.

④ 한반도 서해안 남단에서 3.5 m인 조차는 북쪽으로 갈수록 더 커져서 인천 부근에서는 약 8 m나 된다. 조류의 유속은 보통 1~1.5 m/s이지만 연안 항구와 섬 사이에서는 2.5~3 m/s에 달한다. 특히 노량해협에서는 약 5 m/s나 된다.

[실험 20] 해저 확장과 판 구조론

실험안내서

제목	해저 확장과 판 구조론	날짜	년 월 일
실험목표	· 전 세계 판 경계의 특징을 이해할 수 있다. · 지자기 이상대의 분포 자료를 이용하여 각 판들의 이동 속도를 구할 수 있다. · 각 판들의 이동 방향을 추정하여 판 구조론과 미래의 대륙 분포를 설명할 수 있다.		
준비물	세계 판 구조 지도, 자, 연필		

1. 실험 방법 및 과정

다음 [그림 1]은 주요 해양분지에서 맨틀 대류에 의해 확장축이나 해령으로부터 수직 방향으로 거리가 멀어져감에 따라 기록된 지자기 이상을 나타낸 것이다.

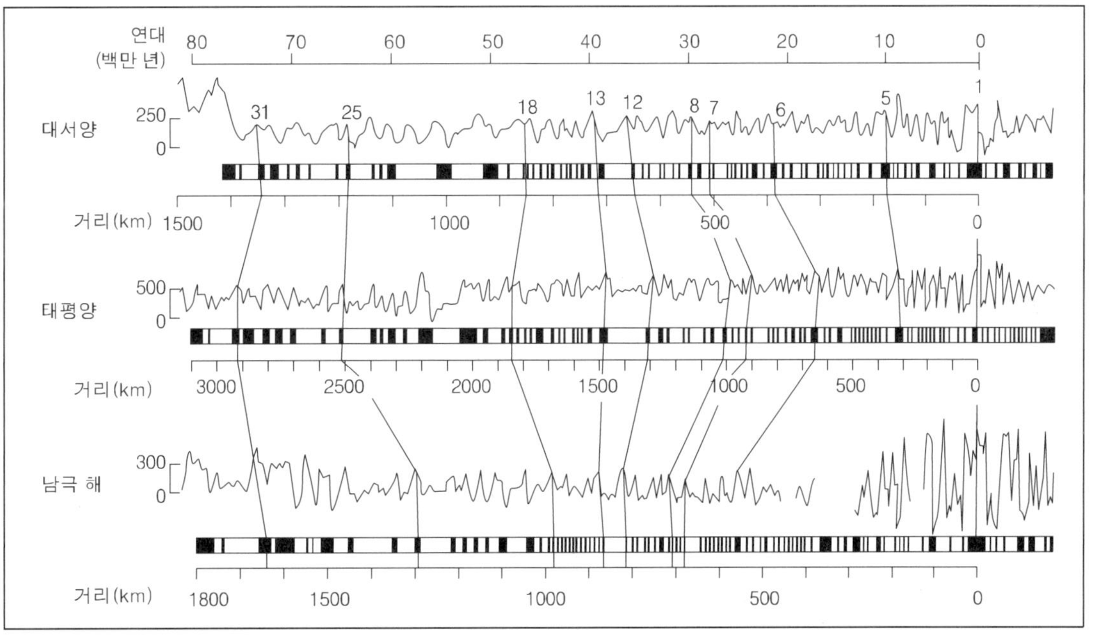

그림 1. 해저 확장축이나 해령으로부터 직각 방향으로 거리에 따른 자기 분포

세 지역의 지자기 이상 곡선을 연결한 수직 방향의 직선은 서로 다른 대양분지에서의 동일 시기의 지자기 이상을 나타낸다. 지자기 이상들의 간격은 지역에 따라 서로 다르다.

(1) 위의 [그림 1]을 보고, 각 해양분지에 대해 동일 지자기 이상을 나타내는 시기와 중심축으로부터의 확장 거리와의 관계를 다음의 표로 정리하여 보고 그래프(X축 : 생성 연령(year), Y축 : 중심축으로부터 확장된 거리(km))로 나타내시오.

구분	지자기번호	1	5	6	7	8	12	13	18	25	31
	생성 연대(백만 년)										
대서양(km)											
태평양(km)											
남극해(km)											

(2) 각 판의 이동 속도를 구하는 방법을 생각해 보자. 각 해양분지에 대하여 해저 확장 속도(cm/year)를 계산해 보자.

① 남대서양 지역

② 북태평양 지역

③ 태평양 남극 지역

(3) [그림 2]는 전 세계 판의 명칭과 각각의 이동 방향, 그리고 판과 판 사이의 경계 부분을 나타낸 것이다. 각 판의 경계 지역의 특성을 고려하여 각 판의 이동 방향을 추정해 보면서, 아래 문제에 답해 보자.

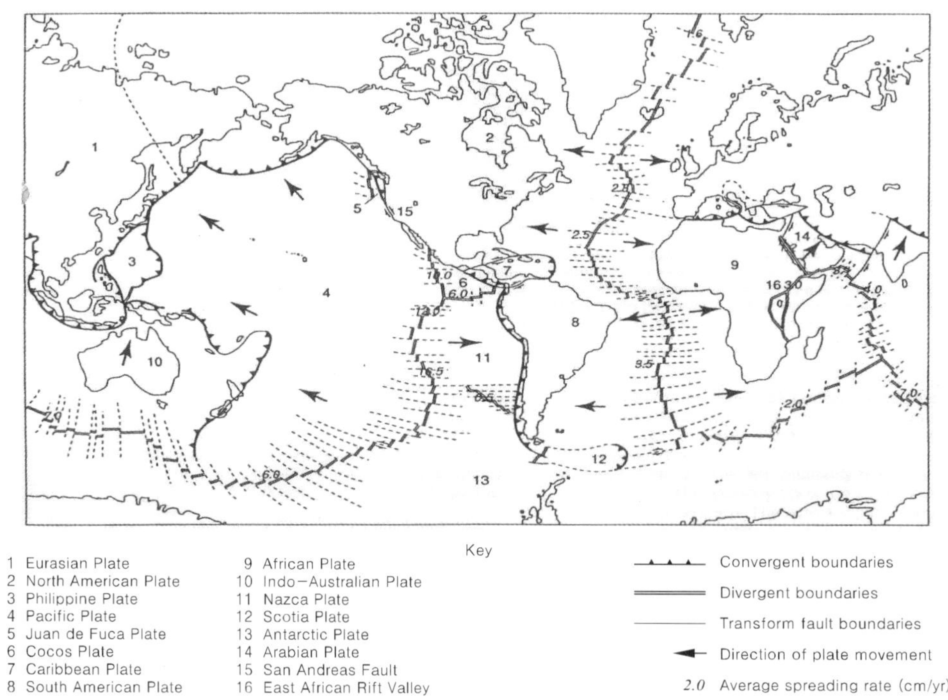

그림 2. 전 세계의 판의 이동 방향과 속도

① 현재 대서양은 시간이 흐를수록 점점 커지고 있고, 그에 반해 태평양은 점점 작아지고 있다. 대서양과 태평양의 크기가 변하고 있는 이유는 무엇일까?

② 남극과 오스트레일리아 사이에 있는 해협은 점점 커지고 있을까, 작아지고 있을까? 그렇게 생각한 이유는 무엇 때문인가?

③ 다음 판들의 경계는 어떤 유형(발산형, 수렴형, 보존형)인지 설명해 보자.

• 태평양 판과 유라시아 판 :

• 북아메리카 판과 아프리카 판 :

• 남아메라카 판과 아프리카 판 :

• 나즈카 판과 남아메리카 판 :

(4) 다음을 통해 암석권의 연령-확장축으로 부터의 거리-해수의 깊이 사이의 관계를 알아보자.

① 중앙대서양 해령의 일반적인 반(half)확장 속도는 20 km/백만 년(My)이고, 동태평양은 150 km/My이다. 다음 [그림 3]의 그래프에 주어진 정보와 자료를 이용하여 아래 제시된 표를 채워 보자(결과는 5 My 단위로 표기).

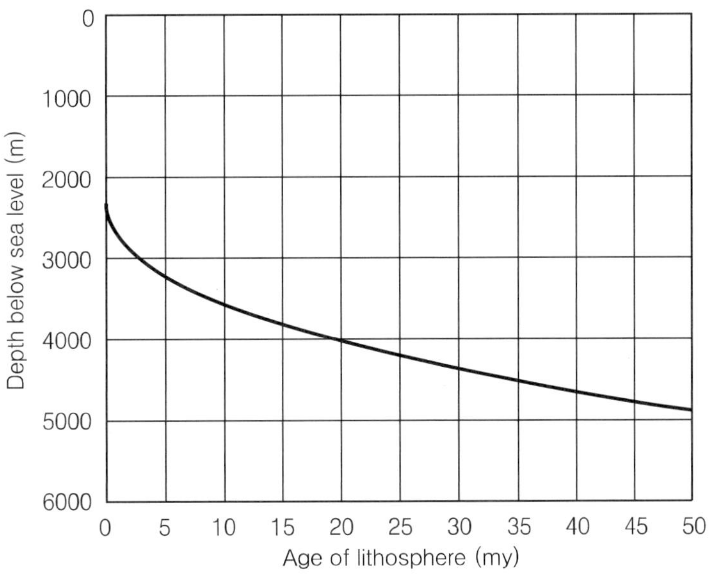

그림 3. 암석권의 연령에 따른 해수의 깊이

암석권 연령 (백만 년)	대서양		태평양	
	확장축으로부터의 거리(km)	해수의 깊이(m)	확장축으로부터의 거리(km)	해수의 깊이(m)
0	0	2500	0	2500
5	100	3280	750	3280
10				
15				
20				
25				
30				
35				
40				
45				
50				

② 완성된 표의 자료를 이용하여 중앙대서양 해령(ridge)과 동태평양 해팽(rise)의 확장 축으로부터의 거리에 따른 바다의 깊이를 그래프에 나타내고 부드러운 곡선으로 연결해 보자(해령이나 해팽은 가운데 확장축을 중심으로 확장됨).

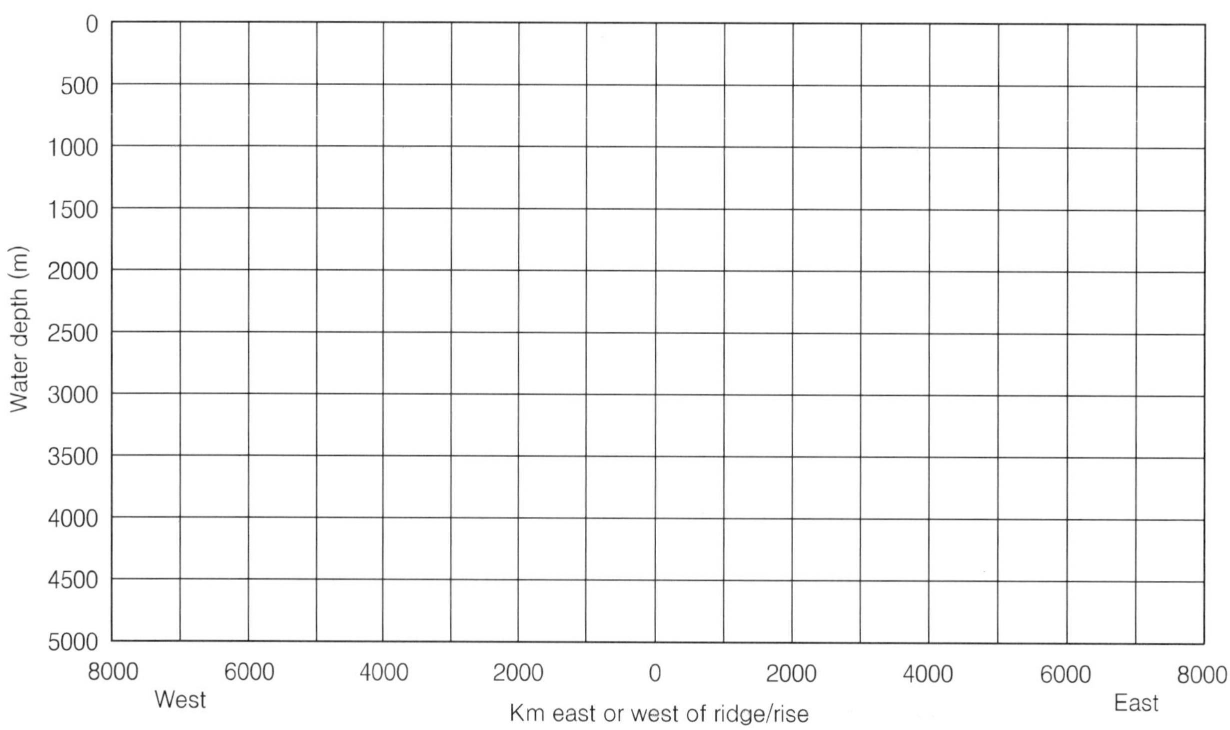

• 위의 실험 결과 중앙대서양 해령과 태평양 해팽의 차이점은 무엇인가?

• 해저확장 속도와 해령(ridge), 해팽(rise)의 지형적 특징 사이에는 어떠한 관계가 있는가?

(5) 다음은 수렴경계를 나타낸 [그림 4]와 해구로부터의 거리에 따른 진원지의 깊이를 나타낸 표이다. 각도기를 이용하여 섭입하는 판이 해수면과 이루는 각을 측정해 보자(가로축을 0°로 하고, 세로축을 90°로 정하여 각을 결정하시오).

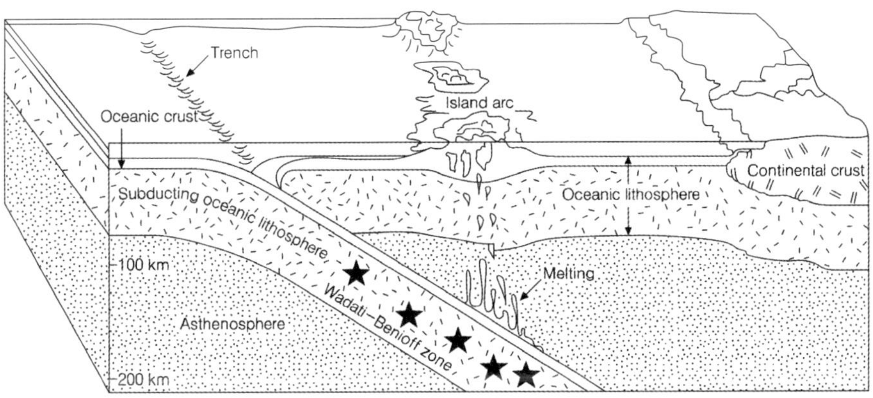

그림 4. 수렴경계

표 1. 해구로부터 진앙까지의 거리 – 진원지까지의 깊이

해구로부터의 거리(km)	진원지까지의 깊이(km)
97	55
138	84
211	124
294	170
333	200
412	235
481	266
546	315
691	400
820	490
964	551
1008	600

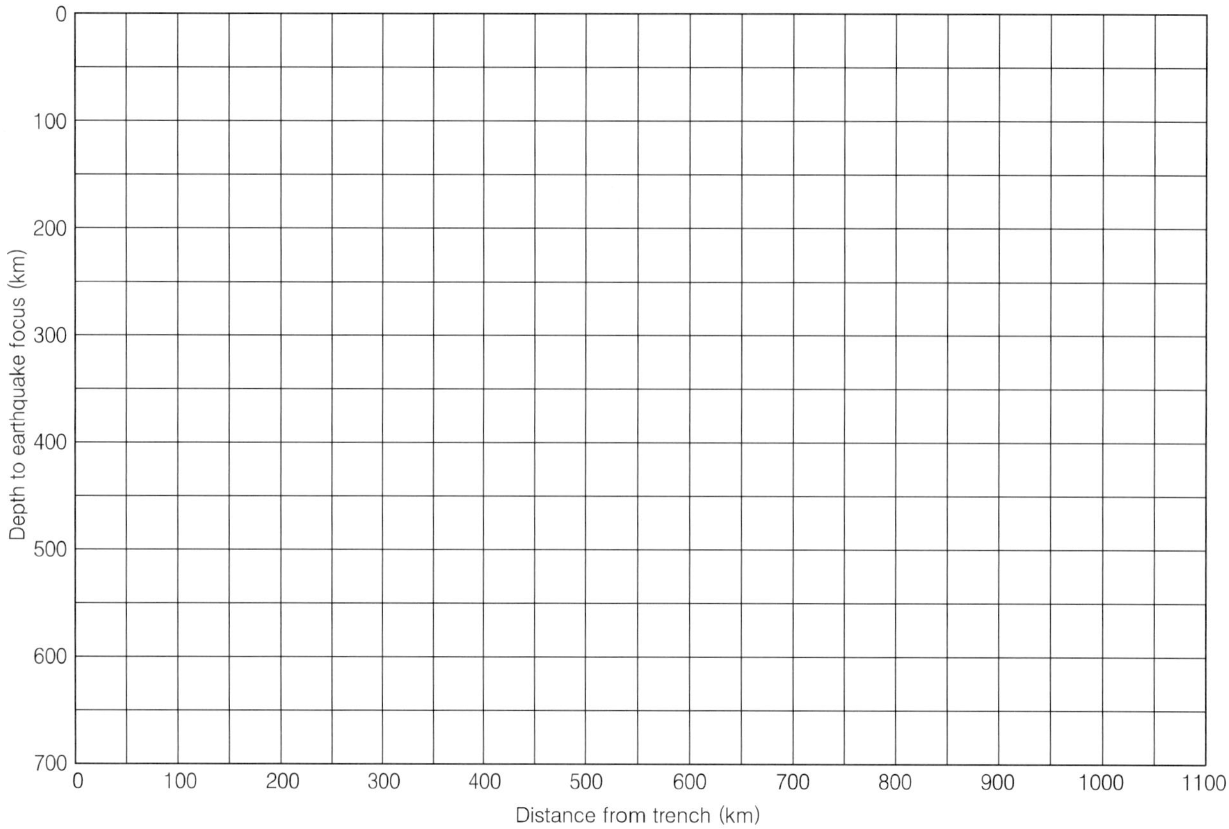

2. 결과 정리 및 토의

위의 탐구과정에서 구한 표와 그래프를 참조하여 답하시오.

(1) 어느 해양분지에서의 확장 속도가 가장 느린가?

(2) 어느 해양분지에서의 확장 속도가 가장 빠른가?

(3) 대서양이 적도 지역에서 현재의 폭까지 확장해 오는 데 얼마나 오래 걸렸는가?

3. 생각해 볼 점

위에서 정리한 것과 같이 각 판의 이동 속도가 차이에 나는 이유를 생각해 보자.

[실험 21] 판 퍼즐

실험안내서

제목	**판 퍼즐**	날짜	년 월 일
실험목표	판 구조론에 관계된 판 경계의 종류와 특성을 설명할 수 있다.		
준비물	색연필(12색 1조), 가위, 풀, 세계의 주요 판 지도(첨부자료 #1), 퍼즐조각1(첨부자료 #2), 퍼즐조각2(첨부자료 #3)		

1. 실험 방법 및 과정

(1) 다음 표와 같이 세계의 주요 14개의 판(첨부자료 #1)의 분류 코드와 색상을 결정한다.

판 이름	카리브	인도-호주	아프리카	남극	태평양	아라비아	북아메리카
코드 번호							
색 상							
판 이름	필리핀	유라시아	나즈카	스코샤	후안드 푸카	남아메리카	코코스
코드 번호							
색 상							

(2) 세계의 주요 판(첨부자료 #1)을 참고하여 퍼즐조각1(첨부자료 #2)과 퍼즐조각2(첨부자료 #3)에 14개의 판의 이름을 써 넣는다. 작은 판들은 화살표를 써서 이름을 써 넣는다.

(3) 퍼즐조각의 14개 판을 위에 정한 색상으로 칠한다.

(4) 가위를 사용하여 퍼즐조각1과 퍼즐조각2의 각 판 조각을 오려 낸다.

(5) 오려 낸 판 조각을 백지 위의 알맞은 위치에 놓은 후 풀로 붙인다.

2. 실험상의 유의점

(1) 완성된 퍼즐에서 잘 대비될 수 있는 색상을 택한다.

(2) 대부분의 색연필은 12가지 색으로 구성된 반면 판 이름은 14가지이므로, 2가지 색상에 대해서는 진하고 흐린 음영을 사용하거나 혹은 줄을 긋거나 점을 찍어 나타낸다.

3. 결과 정리 및 토의

(1) 판의 대부분이 해양지각인 판들을 나열해 보자.

(2) 판의 대부분이 대륙지각인 판들을 나열해 보자.

(3) 가장 큰 판은 무엇인가?

(4) 산안드레아스 단층의 양쪽에 있는 두 대응 판을 나열해 보자.

(5) 서로 멀어지고 있는 두 판들을 조사해 보자.

(6) 서로 가까워지고 있는 두 판을 조사해 보자.

(7) 다음 두개의 판의 경계 단면도를 나름대로 유추하여 보고 다른 참고문헌들에서 찾아서 그려 보자(판 경계의 종류, 해양·대륙지각, 맨틀대류, 지진·화산의 발생 등을 명시하여 그릴 것).

① 유라시아 판 – 태평양 판

② 나즈카 판 – 남아메리카 판

③ 인도·호주 판 – 유라시아 판

④ 대서양 중앙 해령 부근에서의 지층 단면도

첨부자료#1: 세계 주요 판 지도

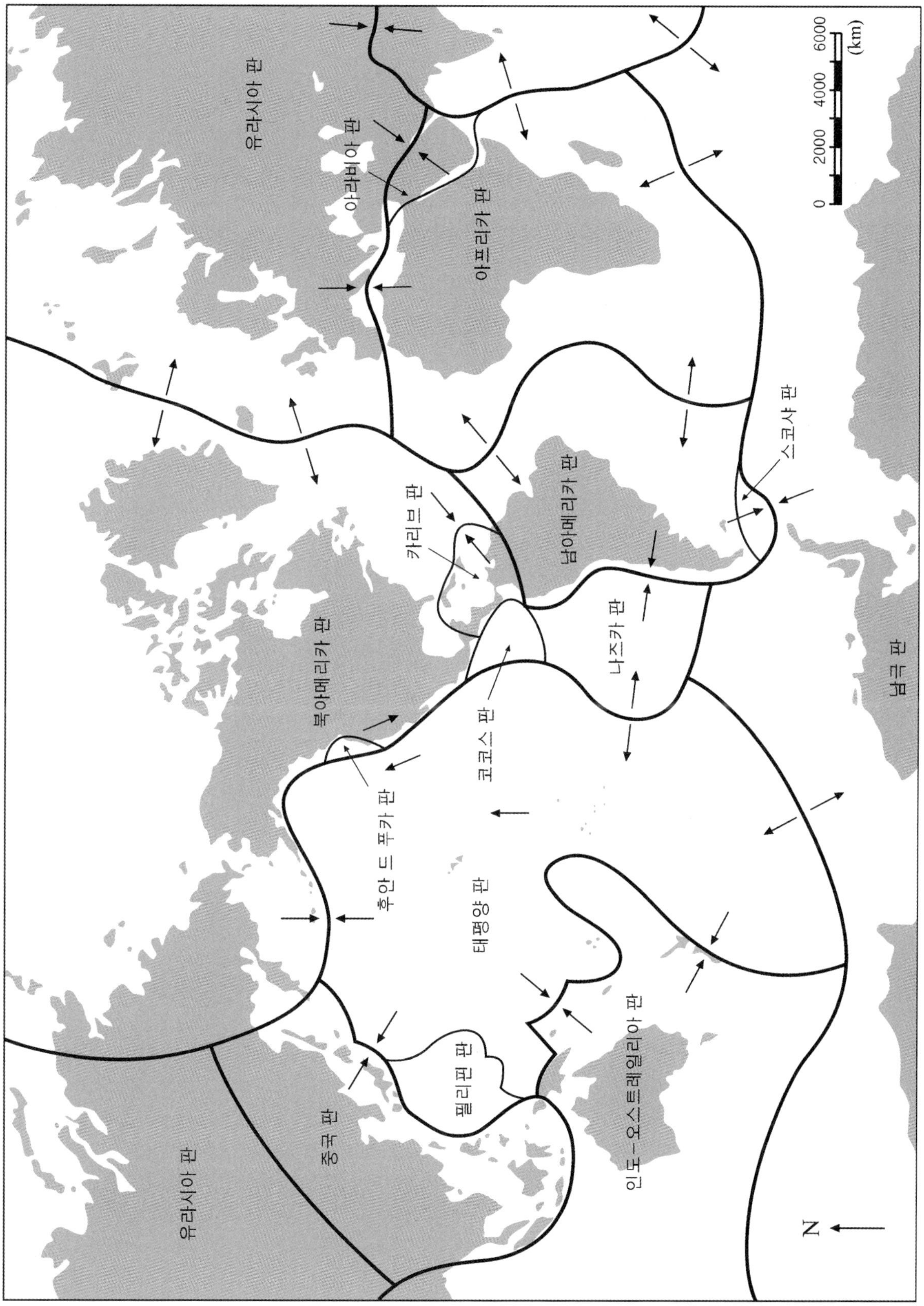

위에 그려진 도판을 실제 경계 부분으로 자른 후, 퍼즐 맞추기를 한다.

첨부자료#2

첨부자료#3

Ⅳ. 우주의 탐구

[실험 22] 태양의 크기 측정

실험안내서

제목	태양의 크기 측정	날짜	년 월 일
실험목표	· 햇빛이 바늘구멍을 통과해 생긴 태양의 상을 이용하여 태양의 크기를 측정할 수 있다. · 태양의 크기를 측정하는 원리를 이해할 수 있다.		
준비물	1 m 길이의 막대자 1, 두꺼운 종이 2, 큰 바늘 1, 면도칼 1, 컴퍼스 1, 알루미늄 박(5 cm×5 cm) 1, 풀 1, 연필 1		

▸ 태양은 지구에서 가장 가까운 별로서 지구상에 살고 있는 여러 생명체의 에너지원이 되는 많은 양의 빛을 비추어 주고 있다. 이 실험을 통해서 우리와 가장 친근한 천체 중의 하나로, 우리 생활에 밀접한 영향을 미치는 태양의 크기를 바늘구멍을 이용하여 측정해 보도록 한다.

▸ 하늘에 보이는 천체의 크기는 천체까지의 거리와 실제 천체의 크기와 관계 있음을 이해한다. 그리고 태양은 달과 겉보기 크기(약 0.5° 각지름)가 같지만 달보다 멀리 있기 때문에 그만큼 태양이 달보다 400배 더 크다는 사실을 이해하도록 한다.

(참고 : 각지름은 지구에서 본 천체의 겉보기지름을 각도로 나타낸 것이다.)

1. 실험 방법 및 과정

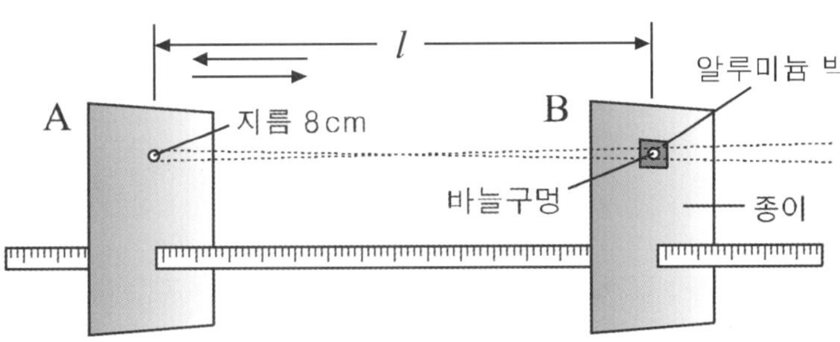

그림 1. 태양의 크기 측정

(1) 종이 A에 지름 8 mm의 원을 그리고, 종이 B의 일부분을 도려낸 후 알루미늄 박을 붙여 바늘구멍을 뚫는다.

(2) 막대자에 [그림 1]과 같이 두 장의 종이를 수직으로 놓고 태양을 향하게 한다.

(3) 종이 B의 바늘구멍을 통과해서 생긴 태양의 상이 종이 A에 그려진 원과 일치하도록 종이 A를 움직여 두 종이 사이의 거리를 조절한다.

(4) 태양의 상이 지름 8 mm의 원에 일치했을 때 두 종이 사이의 거리 l을 측정한다.

(5) 장소를 바꿔가며 3, 4의 과정을 3회 반복한다.

(6) [그림 2]에서 태양의 반지름을 R, 지구와 태양 사이의 거리를 r, 두 종이 사이의 거리를 l, 상의 지름을 d라 할 때, 태양의 반지름 R을 r과 l과 d를 이용하여 나타내어 보자.

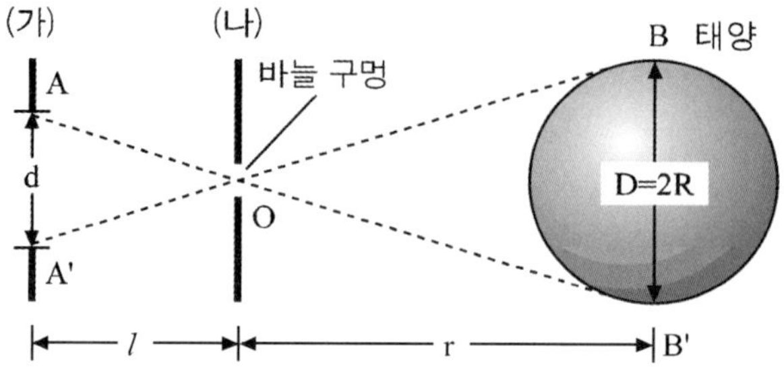

그림 2. 태양의 크기 측정 원리

2. 결과 정리 및 토의

(1) 측정한 두 종이 사이의 거리 l의 평균값을 구한다.

측정 횟수	1회	2회	3회	평 균
두 종이 사이의 거리 l(mm)				

(2) 1의 과정 (6)에서 태양의 반지름 R을 r과 l과 d를 이용하여 나타내시오.

(3) 위의 식을 이용하여 이 실험에서 구한 l을 이용하여 태양의 반지름을 구해 보자(단, 지구와 태양 사이의 거리는 1.5×10^8 km이다).

3. 생각해 보기

1. 태양의 반지름은 약 70만 km이다. 오차가 발생하는 원인을 분석해 보자.

2. 하늘에서 보이는 달과 태양의 겉보기 크기는 거의 비슷하다. 그런데 실제로 태양은 달보다 약 400배 더 크다고 한다. 태양과 달이 거의 같은 크기로 보이는 이유는 무엇인가?

3. 태양의 크기를 측정할 수 있는 다른 방법을 제시해 보자.

[실험 23] 지구와 태양과의 거리 결정

실험안내서

제목	**지구와 태양과의 거리 결정**	날짜	년 월 일
실험목표	지구와 태양과의 거리를 삼각 시차법을 이용하여 구할 수 있다.		
준비물	자, 계산기, 관측 자료		

1. 실험 방법 및 과정

과정 1 : 수성의 일면 통과 관측 자료를 이용한 지구 - 수성 사이의 거리(km) 구하기

(1) 수성의 일면 통과 시 지구상의 서로 떨어진 두 지점에서 찍은 태양면의 사진(그림1, 2)을 흑점(sun spot)이 일치하도록 겹쳤을 때, 수성(원반모양의 부분)의 중심이 어느 정도 어긋나 있는가를 측정하여 x_p라 한다.

(2) 사진 상으로 12″에 해당하는 축척선의 길이를 x_0라 하고 그 길이를 측정한다.

(3) 삼각측량의 기선(基線)이 되는 관측 지점 간의 직선거리를 $S(km)$로 하면, km로 표시한 지구 - 수성간의 거리 $d_{EM}(km)$는 다음의 식을 통해 얻을 수 있다.

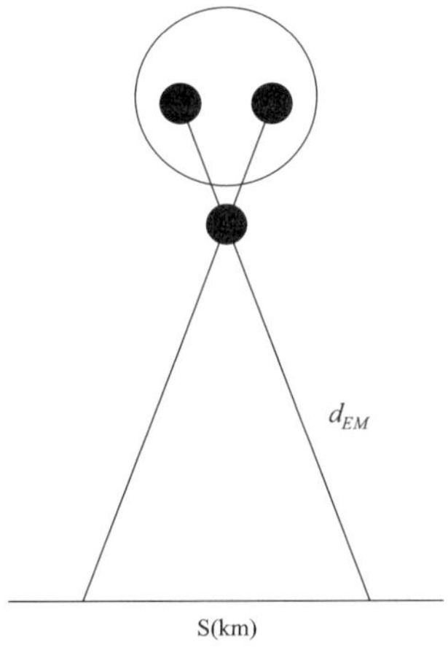

$$d_{EM}(km) = \frac{206265}{12}\frac{Sx_0}{x_p} \quad - (1)$$

※ 이 실험에서는 S는 삼각시차의 기선으로, 이 사진을 찍은 스웨덴의 버베르그와 카메룬의 유안데 사이의 거리인데 약 5,100 km이다.

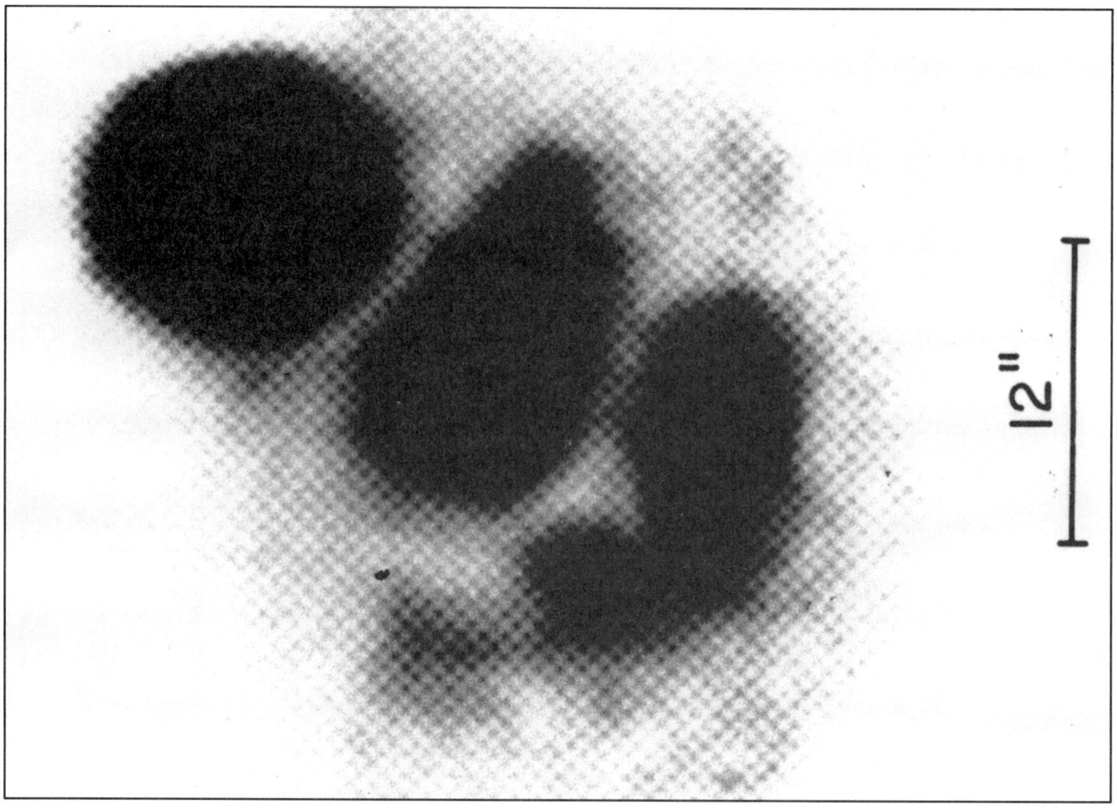

그림 1. 수성의 일면 통과 사진 #1

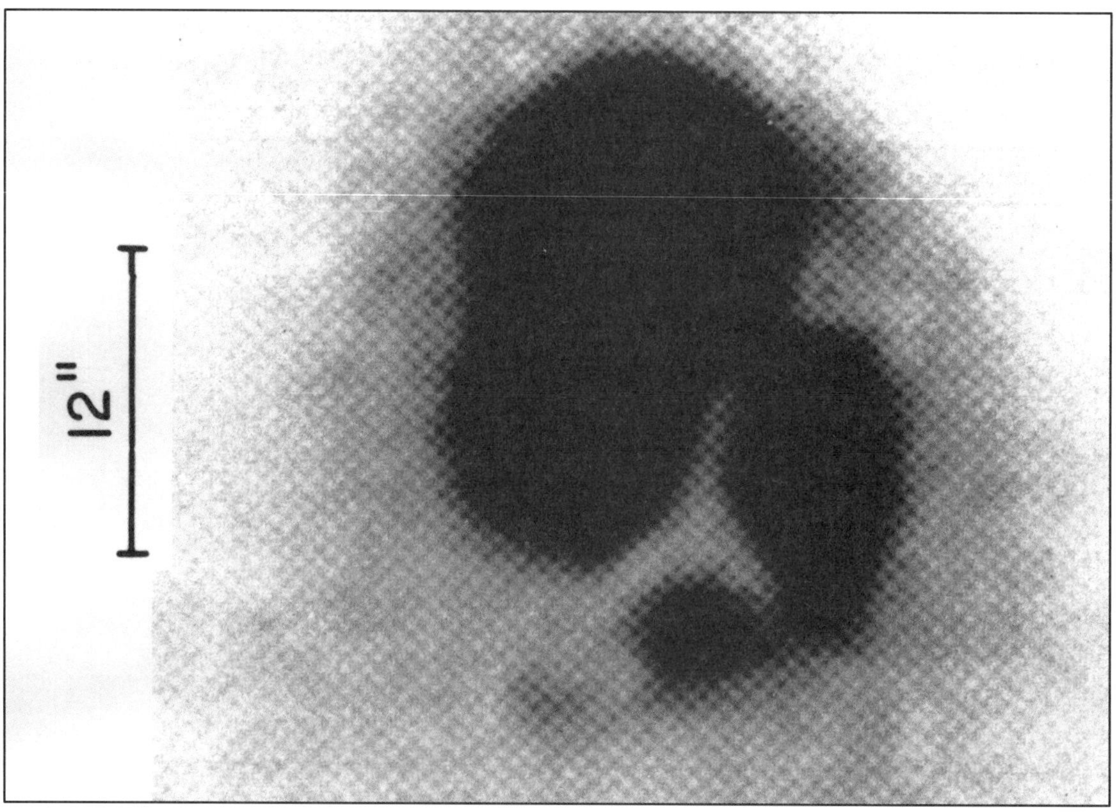

그림 2. 수성의 일면 통과 사진 #2

과정 2 : 태양-수성간의 이각 관측을 통한 이용한 지구-수성 사이의 거리(AU) 구하기

(1) 태양의 중심과 수성의 중심 사이의 이각(seperation angle)을 ρ라 하고, 관측 일과 관측 값은 다음과 같다.

관측 일	이각(°)	관측 일	이각(°)
4월 4일	11.9	5월 16일	10.9
11일	18.2	23일	19.5
18일	20.1	30일	24.2
25일	18.5	6 월 5일	25.6
5월 2일	11.0	12일	24.1
9일	0.0	19일	20.4

(2) 그래프 용지 위에 시각 t에 대한 ρ를 표시한다. 수성이 태양의 중심을 지나갈 때 $\rho = 0$인 지점을 사이에 두고 두 개의 ρ 극댓값을 $\rho_{\max - a}$ 및 $\rho_{\max - b}$ 라 할 때, 이는 동방 및 서방최대이각이 된다. 이 두 개의 최대이각에서의 수성-태양간의 거리를 AU로 표현한 것은 다음 식으로 주어진다.

$$d_e(AU) = \sin(\rho_{\max - a})$$

$$d_w(AU) = \sin(\rho_{\max - b})$$

(3) 위 식으로부터 d_e(AU)와 d_w(AU)를 계산하여 $\rho_{\max - a}$와 $\rho_{\max - b}$에 대응하는 관측 일 위치에 표시한다.

(4) 과정 1-(3)에서 표시한 두 점을 연결시킨 직선에서 $\rho = 0$에 대응하는 관측 일에 해당하는 값 d_0을 읽는다. 이 값은 바로 태양면 통과시의 태양-수성간의 AU단위로 표시한 것이다.

(5) 이 때의 지구-수성간의 거리 d_{EM}은 다음의 식으로 주어진다.

$$d_{EM}(AU) = 1 - d_0$$

$d_{EM}(AU)$를 계산하여 결과에 기입하시오.

과정 3 : 태양 - 수성간의 관측을 통한 km와 AU의 값의 크기 관계 파악

과정 2, 3으로부터 구한 1AU에 포함되어 있는 km를 계산하시오.

$$N(km/AU) = \frac{d_{EM}(km)}{d_{EM}(AU)}$$

N 값을 계산하여 결과에 기입한다.

2. 결과 정리 및 토의

(1) 다음 표를 완성하시오.

구분	결과
x_p	
x_0	
$\rho_{\max-a}$	
$\rho_{\max-b}$	
$\sin(\rho_{\max-b})$	
$\sin(\rho_{\max-a})$	
d_e	
d_w	
d_0	
$d_{EM}(km)$	
$d_{EM}(AU)$	
$N(km/AU)$	

(2) 과정 1에서 지구-수성 사이의 거리가 다음과 같은 식으로 나타나도록 유도하시오.

$$d_{EM}(km) = \frac{206265}{12}\frac{Sx_0}{x_p}$$

(3) 수성-태양 간의 각거리(이각)가 극댓값을 갖는 이유를 그림으로 설명하시오.

(4) 금성의 태양면 통과에 대한 관측은 보다 더 정확한 값을 제공할 수 있을까, 그렇지 않을까? 그렇게 생각한 이유는 무엇인가?

[실험 24] 천체의 상대적 위치에 따른 관측 시간의 결정

실험안내서

제목	천체의 상대적 위치에 따른 관측 시간의 결정	날짜	년 월 일
실험목표	· 지구의 자전 방향을 설명할 수 있다. · 지구의 자전에 따른 천체의 뜨고 지는 시간을 설명할 수 있다.		
준비물	색연필, 회전의자, 천체사진(달, 수성, 금성, 화성), 시간판		

"초사흘 달은 잰 며느리가 본다."라는 속담이 있다. 속담의 뜻을 천문학적 현상과 연관지어 설명해 보자(천문학적 현상 : 관측 시간, 관측 장소 등).

과정 1 : 지구의 자전 방향에 대해 알아보자.

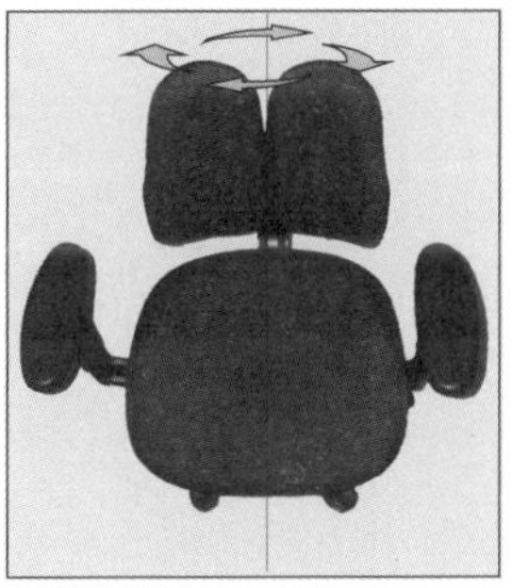

(1) 한 학생(관측자)을 회전의자에 앉힌 후, 다른 학생이 회전의자를 시계방향으로 돌린다.

① 관측자에게는 주변 사물들이 어떻게 움직이는 것처럼 보이는가? 그 이유도 함께 설명해 보자.

② 이와 같은 비슷한 현상을 경험한 적이 있는지 서로 토의해 보자.

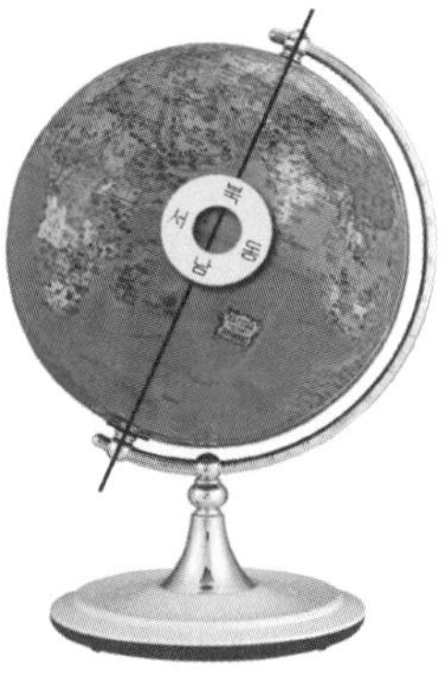

(2) 지구본 위에 다음 그림과 같이 방위가 표시된 폐 CD를 지구본 방위에 맞추어 지구의 적도 부분에 붙이고, 다음 설명에 맞게 회전시킨다.

① "태양은 동쪽에서 떠서 서쪽으로 진다." 실제 지구의 자전 방향은 어느 쪽인가? (동 → 서 or 서 → 동)

② 지구 자전에 의해 어느 쪽 지평선이 앞서 나가는가?

③ 지구의 북극에서 내려다본다면 지구의 자전 방향은 어떻게 보이는가?(시계 or 반시계)

④ 지구 자전 속도는 시간당 몇 도(°)인가?

과정 2 : 지구 자전에 의한 관측 시간 결정

※ 알아두기

① 천구의 북극에서 내려다 본 그림이다.

② 관측자는 지구 적도 상에 위치하고 있다.

③ 지구의 자전 방향은 반시계 방향이며 동쪽으로 돈다.

④ 태양 광선은 나란하게 도착한다.

(1) 정오일 때 천구에서 태양의 위치

- 관측자의 지평선에 태양이 남중하였을 때, 관측자의 시각을 정오라고 할 때,

① [그림 1]에 a. 관측자, b. 관측자의 지평선, c. 관측자의 동·서 방위를 표시하시오.

② [그림 2]의 관측자를 확대시킨 천구 면에 a. 태양, b. 관측자의 동·서 방위를 표시하시오.

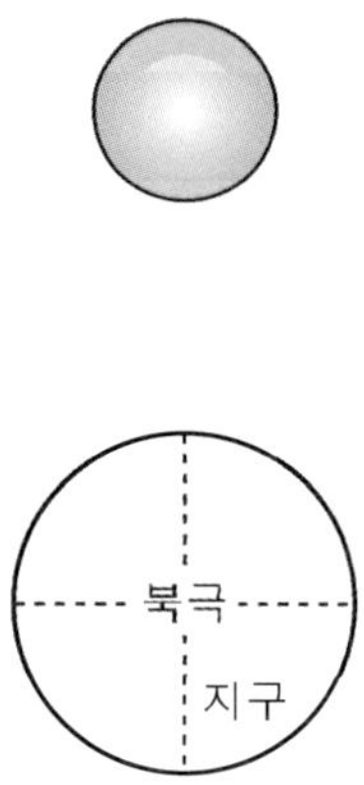

그림 1

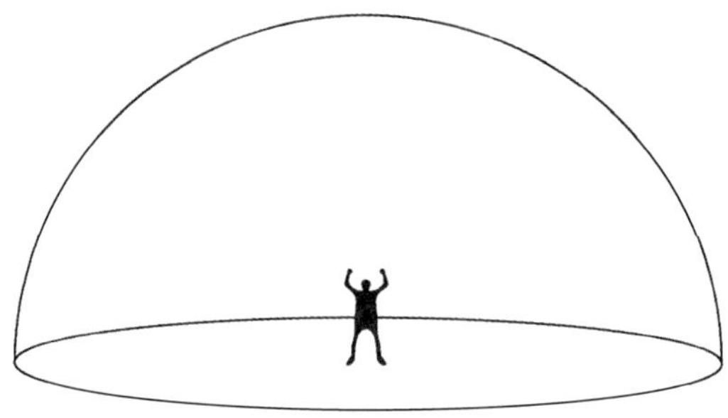

그림 2

(2) 정오로부터 <u>6시간이 지난 후</u> 천구에서 태양의 위치

① [그림 3]에 a. 관측자, b. 관측자의 지평선, c. 관측자의 동·서 방위를 표시하시오.

② [그림 4]의 관측자를 확대시킨 천구 면에 a. 태양, b. 관측자의 동·서 방위를 표시하시오.

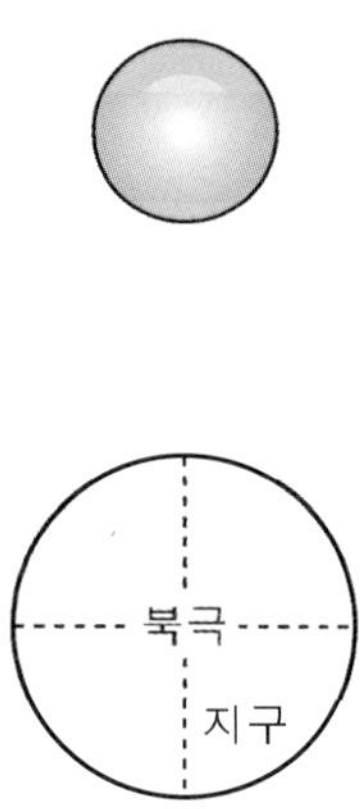

그림 3

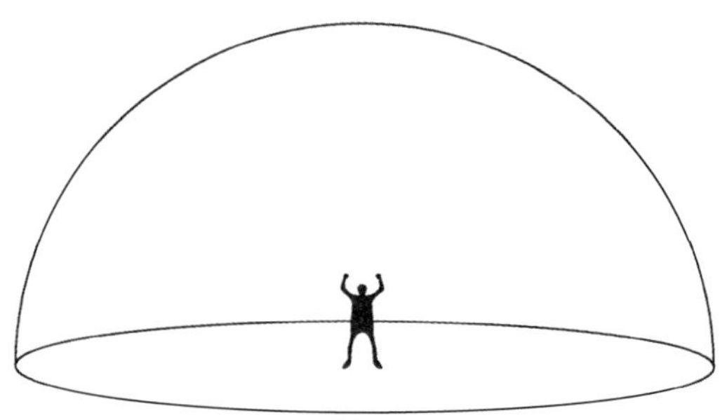

그림 4

과정 3 : 천체의 상대적 위치에 따른 관측 시간의 결정

※ 알아두기

① 지구 밖 모든 천체는 떨어진 거리와 상관없이 모두 천구면에 붙어 있는 것처럼 보인다.

② 지구가 자전하는 동안 그 외 모든 천체는 정지되어 있다고 가정한다.

(1) 달의 위치에 따른 관측

① 음력 1일~15일까지 매일 저녁 6시 무렵 달을 관측하였다.

• 달이 아래와 같이 각각 (ㄱ), (ㄴ), (ㄷ), (ㄹ)에 위치 할 때, [그림 5]에 a. 저녁 6시 무렵의 관측자 위치, b. 관측자의 지평선, c. 관측자의 동·서 방위를 표시하시오.

• [그림 6]의 천구면에 a. 관측한 달의 각각의 위치, 관측자의 방위를 표시하시오.

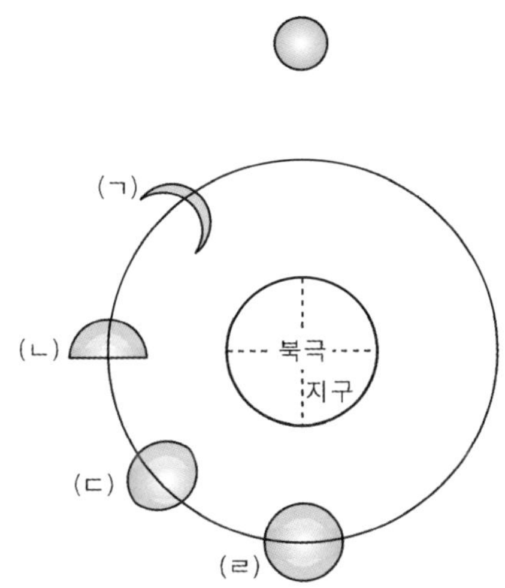

그림 5

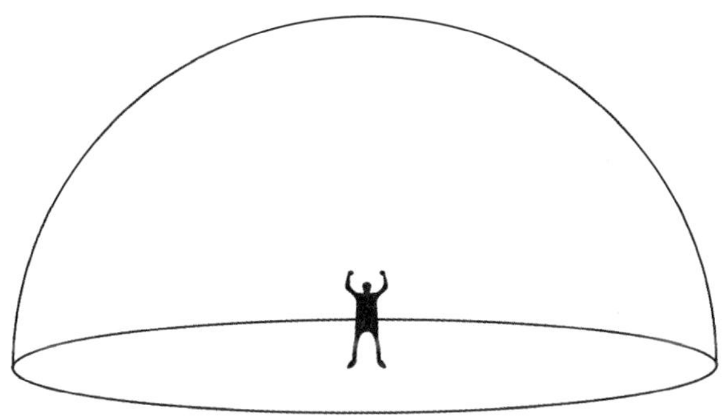
그림 6

② 다음 각각의 위치에 있는 달의 뜨는 시각과 남중하는 시각, 지는 시각을 적고 관측 가능한 시간(육안 관측)을 판단해 보자.

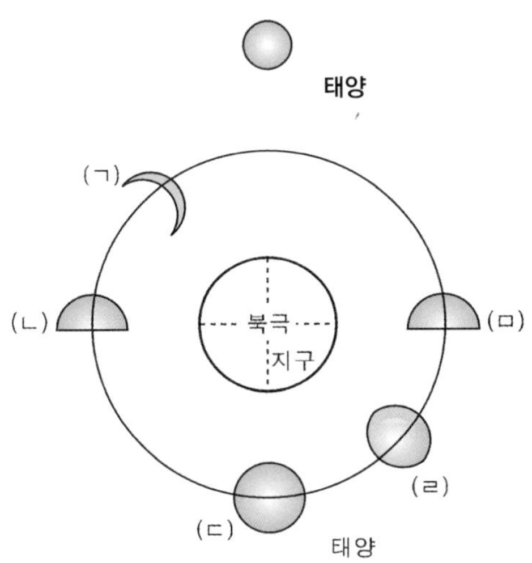

구분	뜨는 시각	남중 시각	지는 시각	관측 가능 시간
(ㄱ)				
(ㄴ)				
(ㄷ)	18:00	24:00	06:00	18:00 ~ 06:00 12시간
(ㄹ)				
(ㅁ)				

(2) 내행성의 위치에 따른 관측

- 내행성은 지구보다 안쪽 궤도를 따라 태양 주위를 공전하므로 태양의 좌우 일정한 각도 내에서 관측된다.

① 내행성이 태양 주위를 공전할 때 태양으로부터 각거리가 가장 클 때의 위치를 표시하고 그 때의 위치를 [그림 8]의 천구면에 그려 보자(관측자의 시각은 정오이며, 이때 내행성은 관측되지 않으나 천구면에서의 위치를 가늠해 보시오).

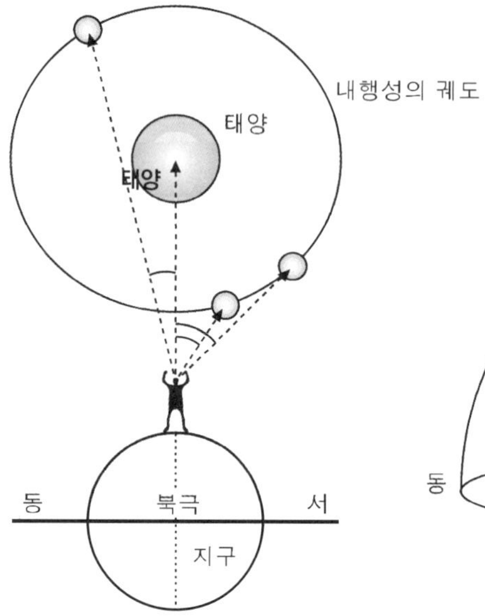

그림 7

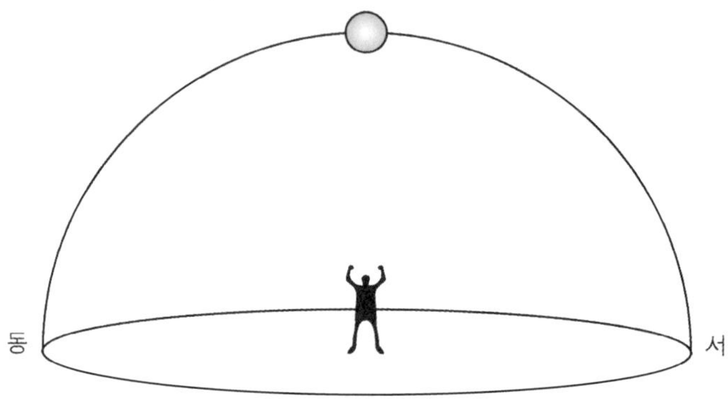

그림 8

② 내행성이 아래의 그림과 같은 위치(서방최대이각)에 있다.

• [그림 9]에 a. 관측자(06시), b. 관측자의 지평선, c. 관측자의 동·서 방위를 표시하시오.

• [그림10]의 관측자에게 보이는 태양과 내행성의 위치를 천구면에 나타내시오.

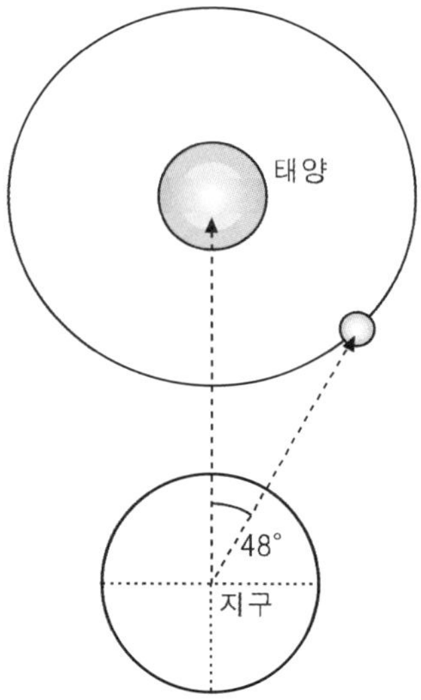

그림 9

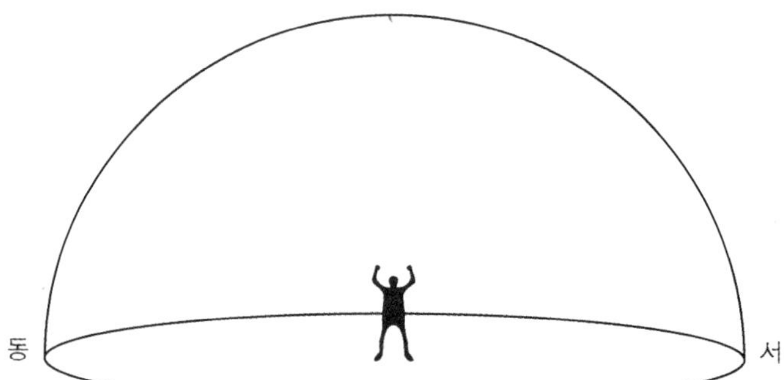

그림 10

③ 내행성이 서방최대이각과 동방최대이각의 위치에 있을 때 내행성을 볼 수 있는 때와 장소를 설명하시오.

(3) 외행성의 위치에 따른 관측

- 외행성은 지구보다 바깥쪽 궤도를 따라 태양 주위를 공전하므로 내행성의 관측과 차이가 생긴다.

① 오른쪽 그림과 같이 외행성이 가, 나, 다, 라의 위치에 있을 때 각 위치에서의 외행성이 뜨는 시각, 남중 시각, 지는 시각을 설명하시오.

	가	나	다	라
뜨는 시각				
남중 시각				
지는 시각				

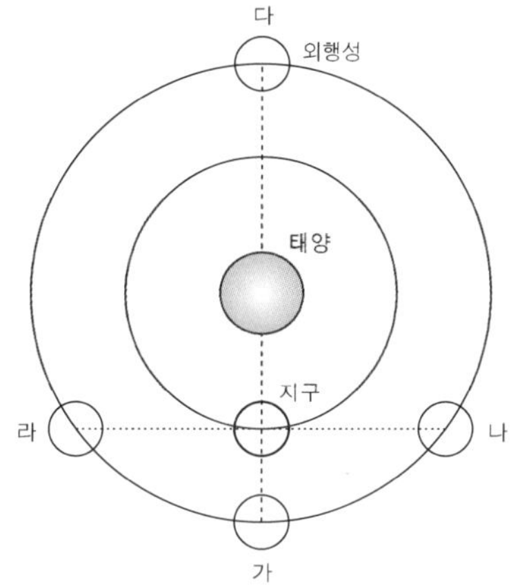

과정 4 : 응용하기

(1) 내행성과 외행성 관측 시 관측 시간과 관측되는 천구상의 위치에서 어떤 차이가 있는지 설명해 보자.

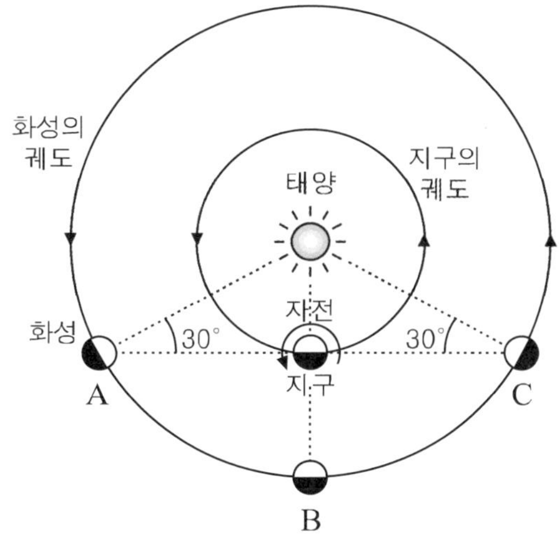

(2) 1997년 7월 5일 화성 탐사선 패스파인더 호가 화성에 착륙하였으며, 로봇탐사차인 소저너는 화성 표면을 탐사하였다. 7월 14일 소저너의 관측에 의하여 화성에서는 지구가 태양보다 약 2시간 먼저 뜬다는 사실을 알아냈다. 위의 그림에서 소너저 관측 시 공전궤도상의 화성의 위치는 어느 곳인가? (단, 화성의 자전 주기는 약 24.5시간이며, 자전 방향은 지구와 같다)

과정 5 : 교실에서 적용하기(역할놀이)

(1) 아래의 그림과 같이 교실 벽면에 행성 사진을 부착하거나 행성 역할을 맡을 학생을 선정하여 행성 사진을 들고 있도록 한다.

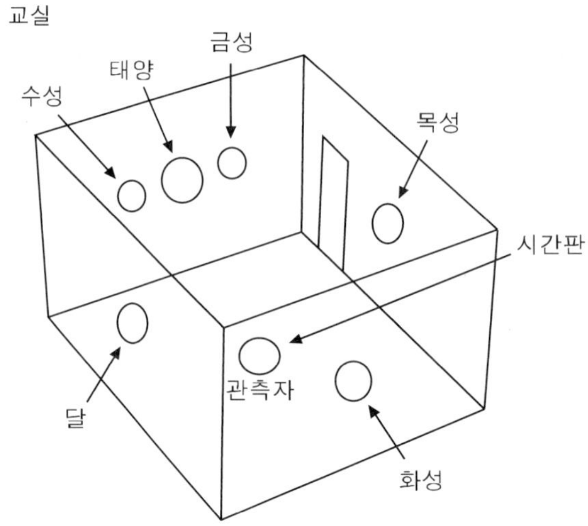

(2) 관측자는 교실 중앙에 시간판을 놓고 동, 서쪽이 표시된 방향카드를 양손에 들고 선다.

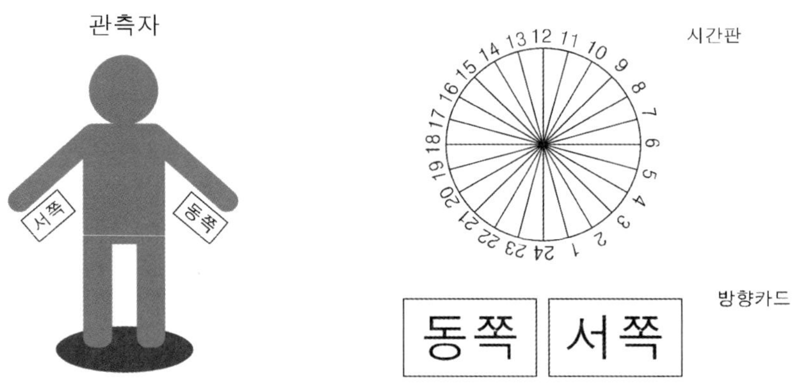

① 시간이 표시된 시간판을 태양이 있는 쪽으로 12시가 되도록 놓는다.

② 관측자는 시간이 표시된 원판에 올라가서 태양을 바라보고 선다.

③ 왼쪽에 (   )쪽이라고 쓰인 종이를 들고, 오른손에 (   )쪽이라고 쓰인 종이를 붙인 후, 팔을 펴고 시간판 위에서 지구의 자전 방향으로 움직인다.

(3) 그림이 같이 태양과 행성, 달이 위치할 때 다음의 탐구활동 문제를 풀어 보자.

- 태양과 달이 남중하는 시간은 몇 시인가?
- 화성과 목성은 몇 시에 떠서 몇 시에 지는가?
- 수성과 금성은 언제 어느 쪽 하늘에서 관측이 가능할까?

[실험 25] 천체의 상대적 위치에 따른 관측 모양(위상)의 정량화

실험안내서

제목	천체의 상대적 위치에 따른 관측 모양(위상)의 정량화	날짜	년 월 일
실험목표	· 달과 행성의 모양 변화가 왜 일어나는지 안다. · 상대적 위치에 따라 달과 행성의 관측 모양을 정량적으로 설명할 수 있다.		
준비물	색연필		

다음은 달의 공전에 따른 달의 위상 변화를 나타낸 그림이다. 다음 중 어떤 그림이 이상하게 보이며, 왜 그런지 설명해 보자.

	가	나	다	라
달의 모양				

( )

과정 1 : 사전 실험(농구공 관찰하기)

※ 알아두기 : 행성과 달의 공전궤도를 그린 그림은 궤도면의 위에서 본 평면도 형태지만, 지구에서 보는 달이나 행성의 위상은 달이나 행성의 측면 모습을 나타낸 것이다.

(1) 농구공을 내려다본 모습(윗 모습)과 옆모습을 비교하며 관찰하기

① 농구공 표면에 그림처럼 1부터 8까지의 숫자를 적고 관찰한다.

② 위에서 본 농구공의 모습이 다음과 같을 때, 제시된 (예)의 방향에서 본 측면 모습을 나타낸 것처럼 A, B 방향에서 본 측면 모습을 그리시오(a. 보이는 번호, b. 농구공 마디 선을 표시하시오).

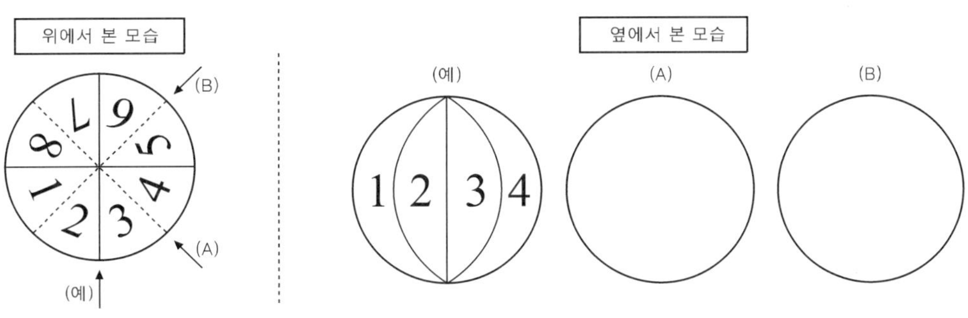

※ 알아두기 : 달과 행성은 스스로 빛을 내지 못하는 천체이다. 따라서 태양빛을 받아서 반사하는 부분은 밝게 보이고 빛이 비치는 반대쪽은 그림자가 생기게 되는데, 그 부분은 배경의 검은 우주 공간의 색과 같아 보이지 않게 된다.

(2) 빛의 방향과 농구공에 생기는 그림자

① 빛이 비치는 방향과 그림자와의 관계를 평면도에서 살펴보고 측면에서 관측자가 볼 때 농구공의 어디가 밝고 어두운지 살펴보도록 한다.

② 각 위치 관계에서 관측자에게 보이는 모습으로 그림자 부분을 빗금(▥)으로 표시하고 밝은 부분을 노란색으로 표시하시오.

위에서 본 모습

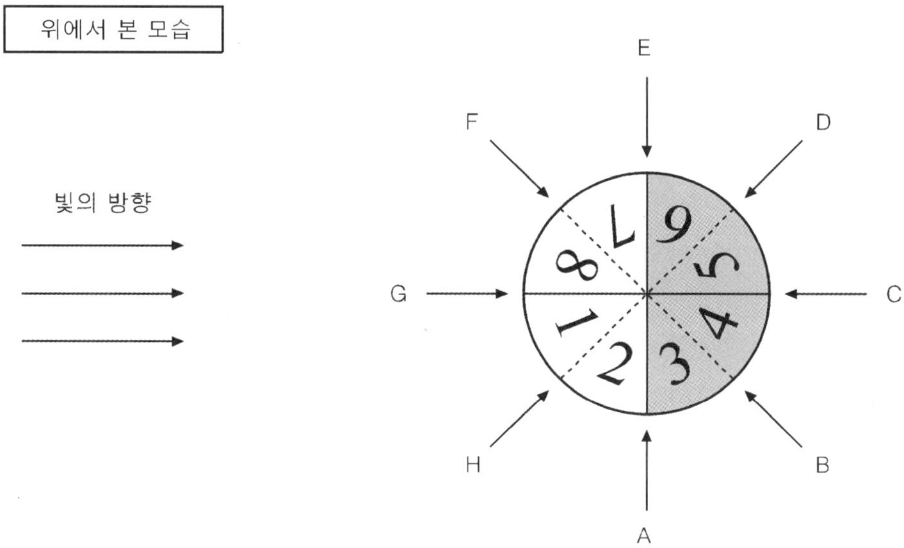

옆에서 본 모습

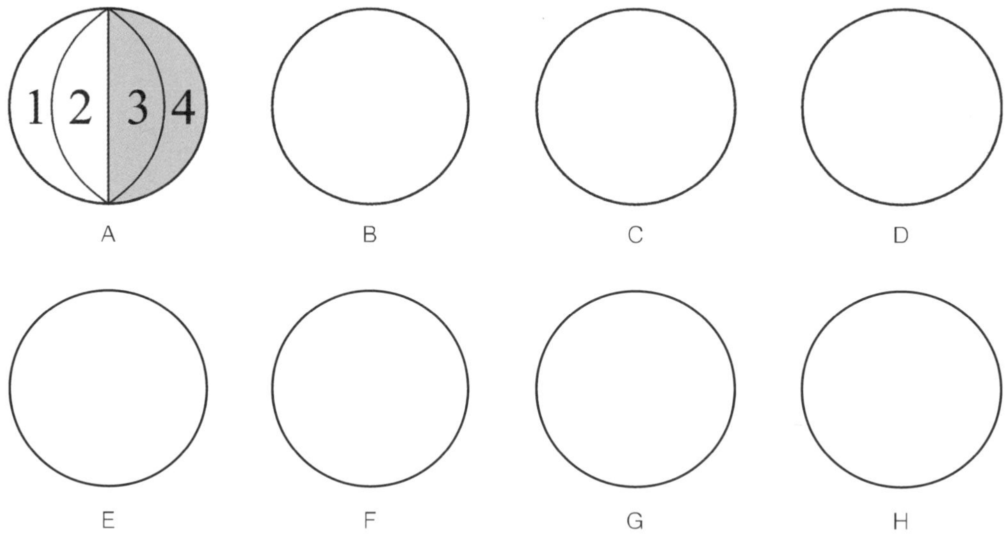

과정 2 : 달과 행성의 상대적 위치에 따른 관측 모양(위상)의 정량화

(1) 지구에서 본 달의 위상 변화

① 달은 지구 주위를 반시계 방향으로 공전하므로 한 달(음력)을 주기로 달–지구–태양의 상대적 위치는 바뀌게 되고 달의 위상도 변하게 된다. 달이 공전궤도상의 각각의 위치에 있을 때 지구에서 본 달의 모습을 그려 본다.

② 그리는 순서

a. 공전궤도면의 위에서 내려다본 그림에 달에 생기는 그림자를 빗금으로 표시한다.

b. 관측자가 보았을 때의 오른쪽과 왼쪽을 구분한다.

c. 각각의 위치 관계에서 지구의 관측자가 본 모습으로 그림자 부분을 빗금으로 표시하고 밝게 보이는 부분을 노란색으로 표시하시오.

달의 공전에 따른 위치 변화

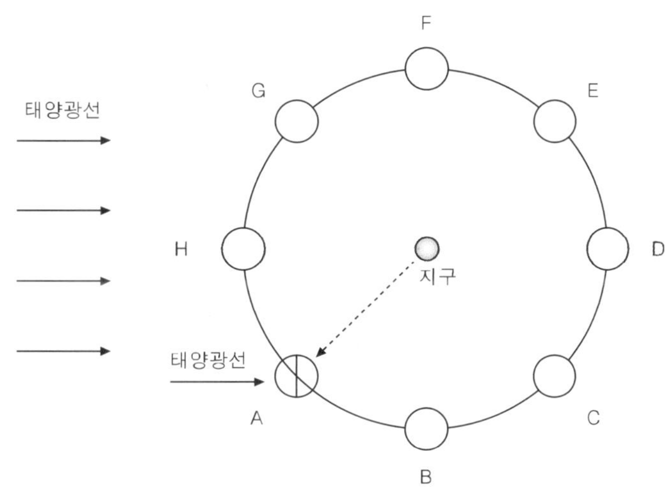

예시 (달이 A 위치에 있을 때)

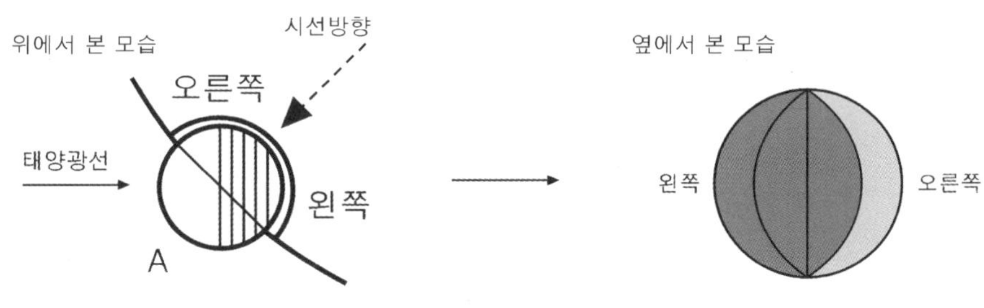

달의 공전에 따른 모양 변화

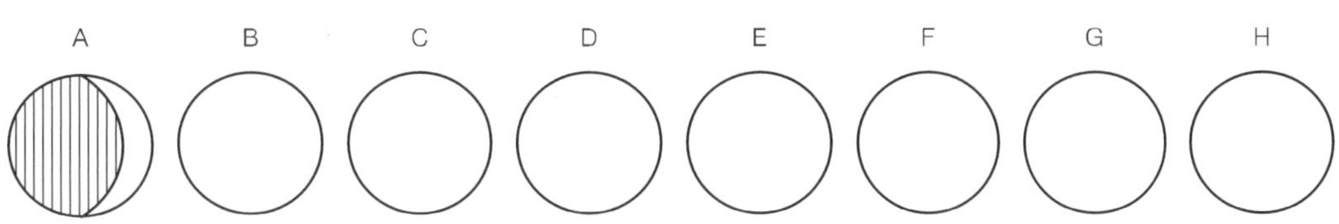

(2) 지구에서 본 내행성의 위상 변화

행성은 태양 주위를 반시계 방향으로 공전하므로 행성-지구-태양의 상대적 위치는 바뀌게 되고 지구에서 본 행성의 위상도 변하게 된다.

① 다음은 내행성-지구-태양의 위치 관계를 나타낸 그림이다. 내행성이 공전궤도상의 각각의 위치에 있을 때 지구에서 본 내행성의 모습을 달의 경우와 같은 방법으로 그려 본다.

내행성의 공전에 따른 위치 변화

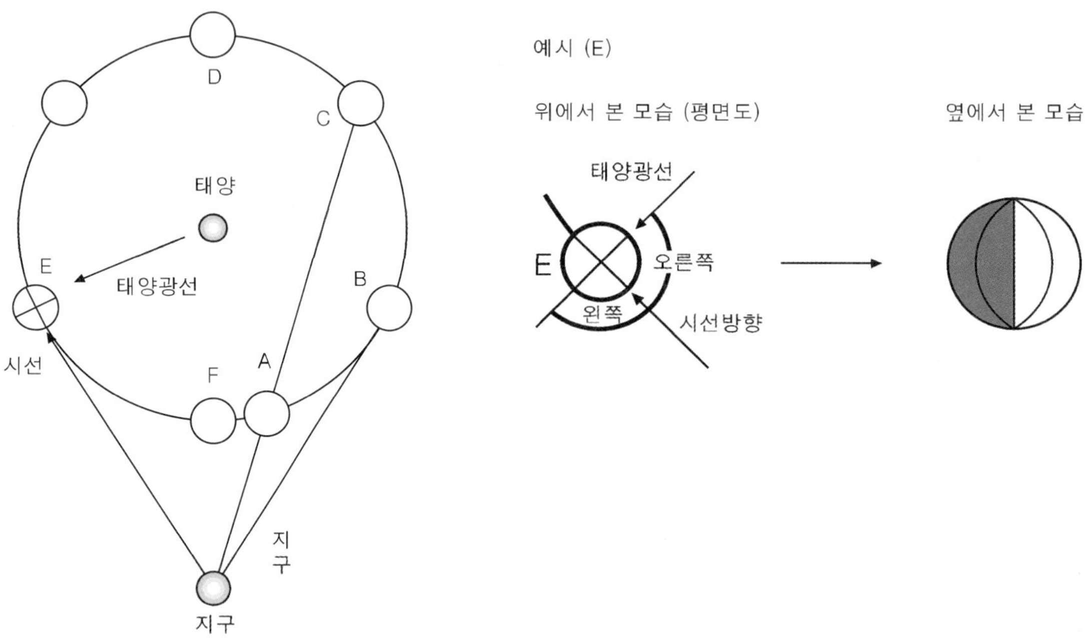

내행성의 공전에 따른 모양 변화

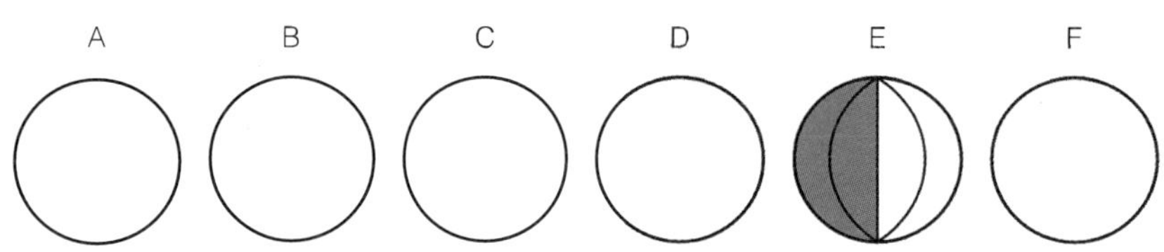

② 오른쪽의 사진은 지구에서 본 금성의 모습을 같은 배율의 망원경으로 관측한 것인데, 크기가 달라지는 이유를 생각해 보자.

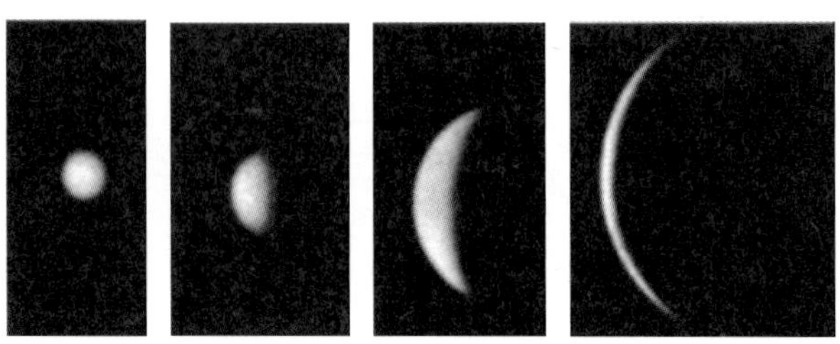

(3) 지구에서 본 외행성의 위상 변화

행성은 태양 주위를 반시계 방향으로 공전하므로 행성-지구-태양의 상대적 위치는 바뀌게 되고 지구에서 본 행성의 위상도 변하게 된다.

① 다음은 외행성-지구-태양의 위치 관계를 나타낸 그림이다. 외행성이 공전궤도상의 각각의 위치에 있을 때 지구에서 본 내행성의 모습을 달의 경우와 같은 방법으로 그려 본다.

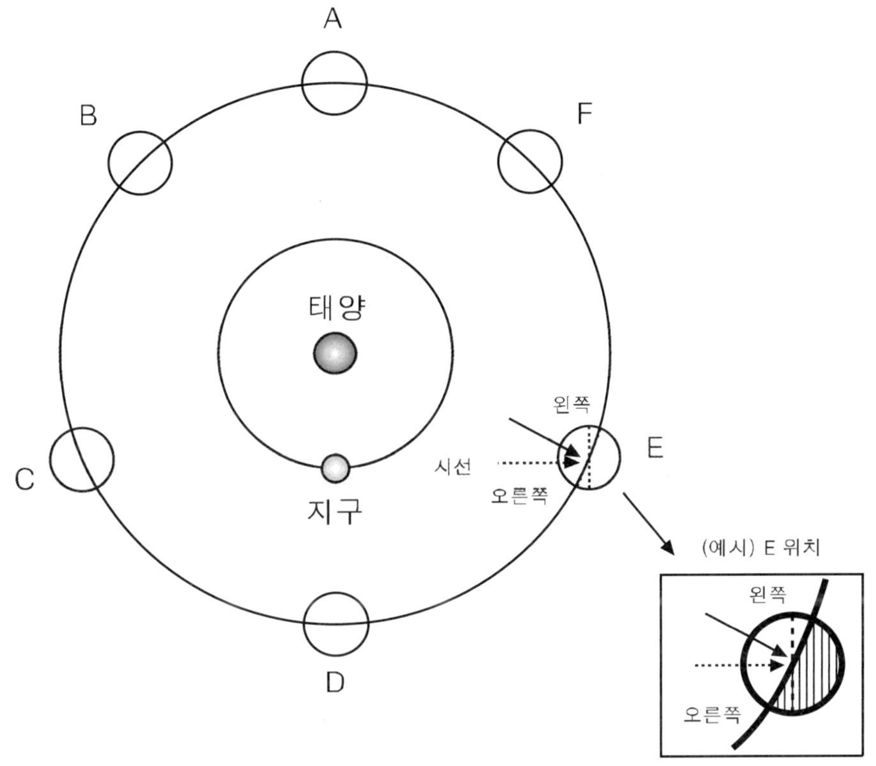

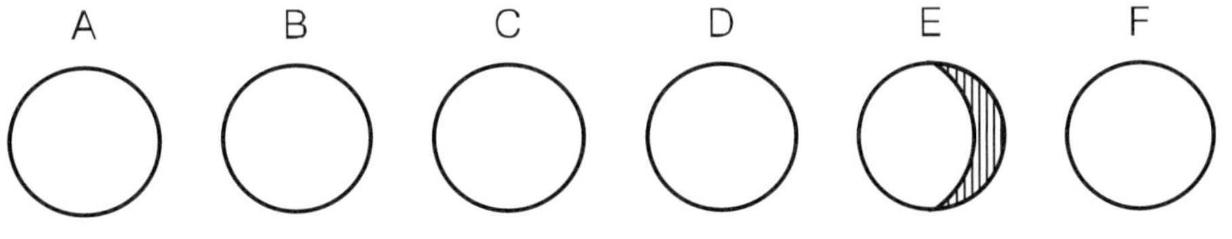

② 지구에서 관측 시 내행성과 외행성의 관측 되는 모양(위상)의 차이를 설명해 보자.

과정 3 : 응용하기

(1) 달 표면에서 본 지구의 위상 변화

달에 여행을 갔다고 생각하고 달 표면에서 본 지구의 위상을 그려 본다.

① 달-지구-태양의 위치 관계를 나타낸 그림이다. 달이 각각의 위치에 있을 때 달에서 본 지구의 모습을 그려 보시오.

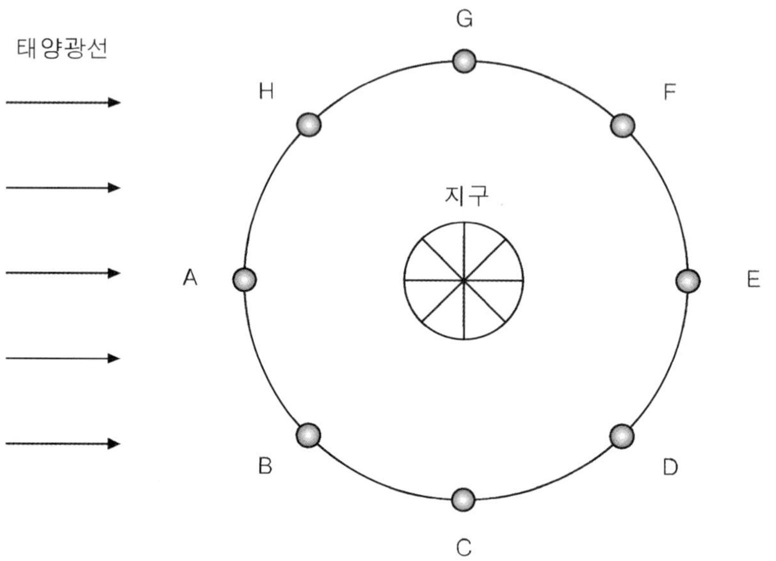

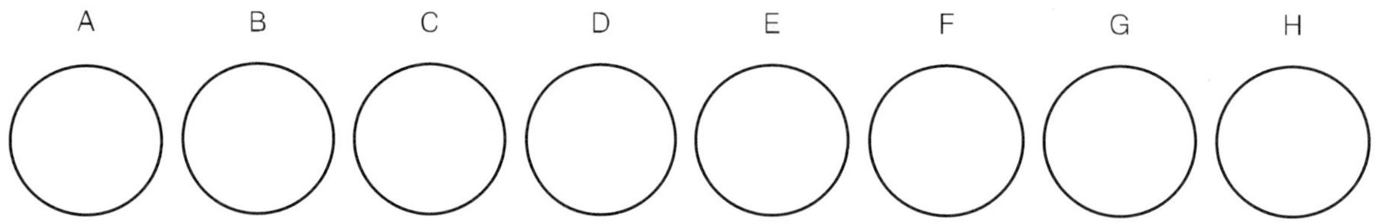

(2) 우주선에서 바라본 행성들의 위상

우주선을 타고 우주여행 중 이라고 생각하고 다음의 우주선의 위치에서 바라본 각 행성들의 모양을 그려 본다.

① 여러분은 현재 우주선을 타고 태양계를 여행하고 있다. 우주선이 지구의 공전궤도면과 나란한 방향에 있다고 할 때, 아래 그림의 우주선에서 본 각 행성들의 위상(모양)을 그려 보시오.

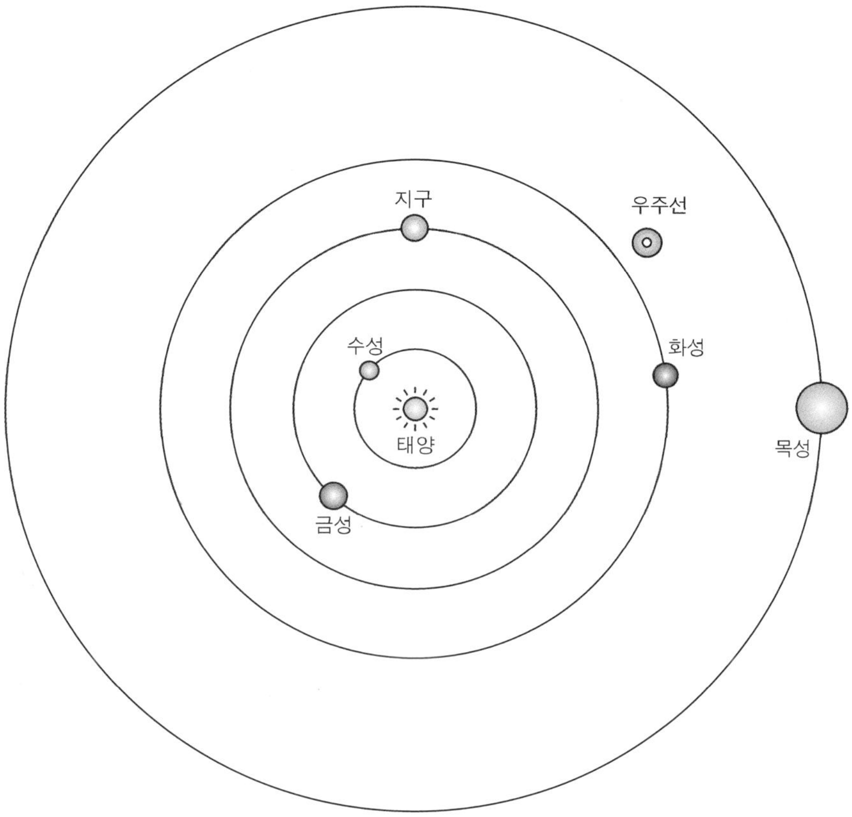

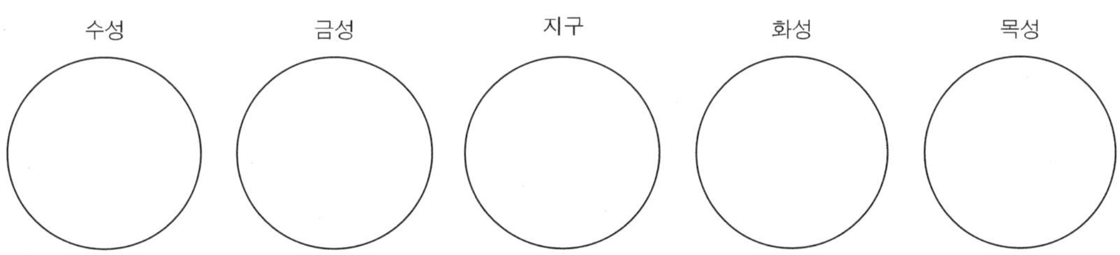

[실험 26] 화성의 공전궤도 그리기

실험안내서

제목	**화성의 공전궤도 그리기**	날짜	년 월 일
실험목표	화성 관측 자료를 이용하여 공전궤도의 특징을 설명할 수 있다.		
준비물	컴퍼스, 각도기, 모눈종이, 자 , 연필, 화성의 관측 자료		

1. 실험 방법 및 과정

표 1. 화성의 관측 자료

관측일(년-월-일)	지구의 위치	지-태-춘 사이의 각	화-지-춘 사이의 각	화성의 위치
65-04-13	E_1	202.5	159.0	M_1
67-03-01	E_1	160.0	212.0	
67-06-02	E_2	251.0	196.0	M_2
69-04-19	E_2	208.5	256.5	
69-07-21	E_3	297.5	243.0	M_3
71-06-08	E_3	256.5	316.0	
71-09-09	E_4	345.5	313.0	M_4
73-07-27	E_4	303.5	22.0	
73-10-28	E_5	34.0	30.5	M_5
75-09-15	E_5	351.5	77.5	
75-12-23	E_6	84.5	82.5	M_6
77-11-03	E_6	40.0	123.0	
78-02-04	E_7	134.5	118.0	M_7
79-12-23	E_7	90.5	162.5	
80-03-25	E_8	184.0	146.5	M_8
82-02-10	E_8	140.5	199.0	

(1) 지구의 공전궤도를 반지름 5 cm 원으로 그리고, 그 중심에 태양이 있다고 가정한다.

(2) 지구 공전궤도상의 임의의 한 점을 춘분점으로 잡고 춘분점과 태양을 잇는 선을 그어 보자.

(3) 춘분점과 태양을 이은 선에서 반시계 방향으로 202.5°가 되는 지점에 지구의 위치 E_1을 표시해 보자.

(4) 지구 E_1에서 태양과 춘분점을 잇는 선과 평행한 선을 긋고, 그 선을 기준으로 반시계 방향으로 159°가 되도록 선을 긋는다.

(5) 똑같은 방법으로 태양과 춘분점을 이은 선에서 반시계 방향으로 160°가 되는 지점에 E_1'을 표시한다.

(6) E_1'에서 태양과 춘분점을 잇는 선과 평행한 선을 긋고, 그 선을 기분으로 반시계 방향으로 212°가 되는 선을 긋는다.

(7) 이때 두 선이 만나는 곳에 화성의 위치 M_1을 표시해 보자.

(8) 같은 방법으로 주어진 표를 이용하여 M_8까지 나타내 보자.

2. 실험 결과 및 토의

(1) 이번 실험에서 가정한 사항은 무엇인가?

(2) 화성의 공전주기는 며칠인가?

[실험 26] 화성의 공전궤도 그리기

실험참고자료

1. 화성 위치의 결정

(1) 여러 해 동안 지구에서 관측한 태양과 화성의 춘분점에 관한 위치를 관측한 자료를 준비한다.

(2) 관측 값 중 화성의 공전주기인 687일의 기간을 가지는 관측 값들을 짝으로 이용하여 화성의 위치를 결정한다.

예) 지구의 위치가 E_1, E_1'일 때 화성은 천구 상에서 같은 위치(M_1)에 있게 된다.

화성	지구	관측일	춘분점-태양-지구 사이의 각	춘분점-지구-화성 사이의 각
M_1	E_1	1969.7.28	202.5°	159°
	E_1'	1971.615	160°	212°

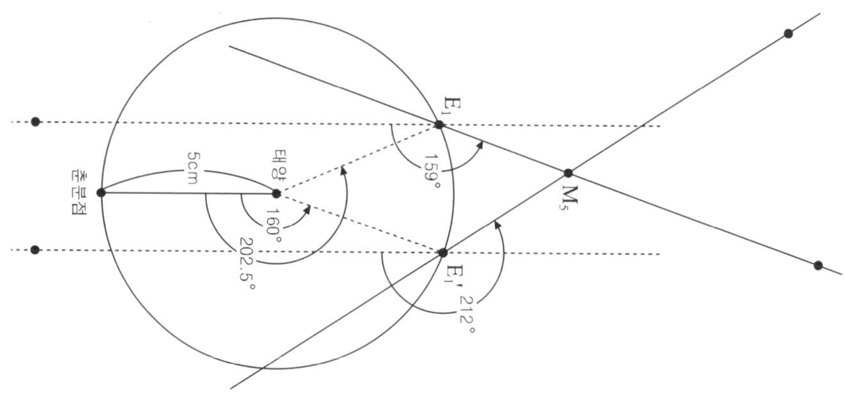

그림 1. 화성의 위치 결정(M1)의 경우

(3) 각 관측 DATA에 대해 위의 과정을 반복하여 화성의 위치(M_1, M_2, M_3, M_4 등)를 결정한다.

2. 타원궤도의 작도

(1) 백지를 옆으로 길게 놓고 중앙에 직선을 긋는다.

(2) 위의 그림처럼 중앙에 점(C)를 찍고, 이 점으로부터 좌우로 일정 거리 떨어진 곳에 점 두개를 찍는다(타원에서 두 초점 F_1 , F_2 이 된다).

(3) 위의 그림처럼 길이가 L cm인 실 끝을 중앙으로부터 같은 거리인 F_1과 F_2에 고정시키고 연필로 타원을 그린다.

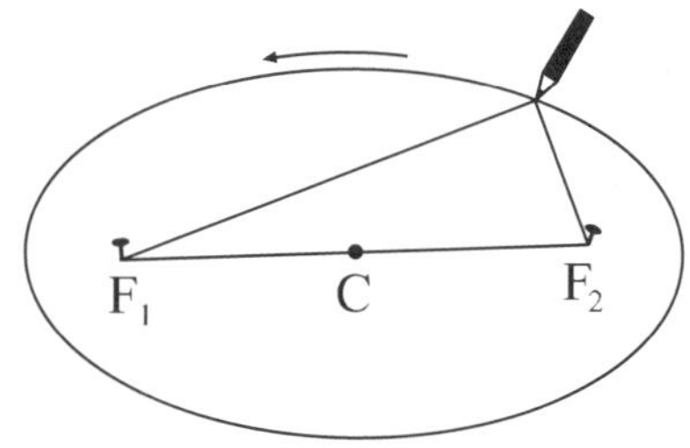

3. 타원궤도의 성질

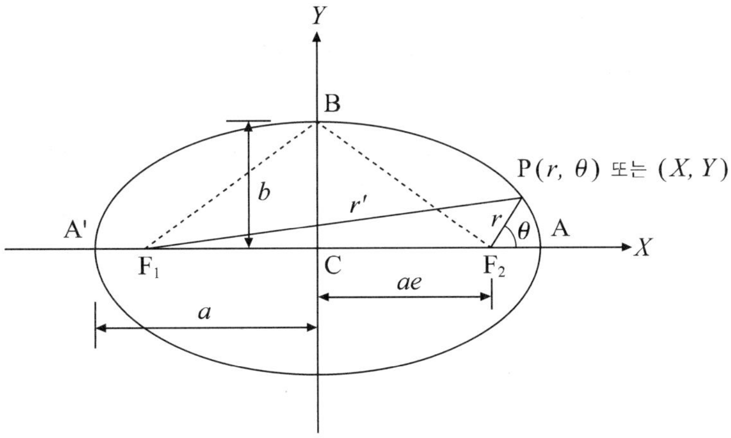

(1) 타원의 정의 : 두 초점으로부터 거리의 합이 일정한 점들의 자취

$$r + r' = 2a = const.$$

(2) 타원의 특성을 나타내는 값

- a : 장반경(긴 반지름), 장축 AA' 길이의 절반

  b : 단반경(짧은 반지름), 장축 AA'를 이등분하는 단축의 절반
- 이심률(e) : 타원의 중심(C)에서 한 초점까지 이르는 거리를 a·e로 정의
- 케플러 제1법칙에 따르면 태양을 한 초점(F_2)에 자리하게 하여
  - 근일점 : 태양에서 가장 가까운 점(A)
  - 원일점 : 태양에서 가장 먼 점(A')

(3) 한 초점에서 타원 위의 한 점까지 이르는 거리(태양 ~ 행성, 행성 ~ 위성)를 위치 함수로 표현

- 극 좌표계 (r, θ)를 이용한 표현
- 직각 좌표계 (x, y)를 이용한 표현

(4) 외행성의 거리를 구하는 케플러의 방법

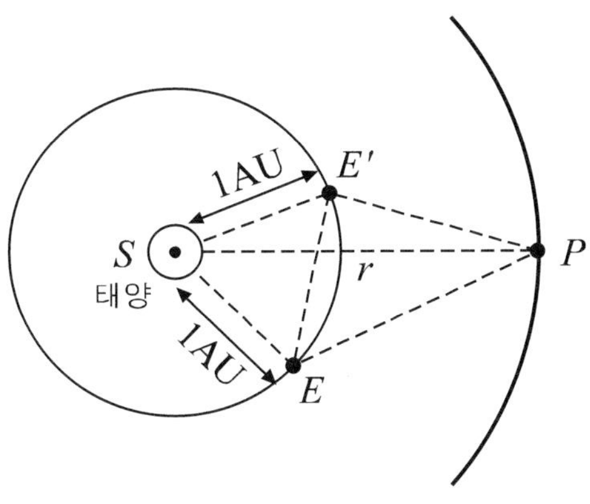

① 항성 주기를 이용하여 ∠ESE'를 구함

② ∠PES, ∠PE'S는 관측

③ △ESE'를 풀어서 EE', ∠SEE', ∠SE'E를 구함

④ 차를 취하여 ∠PEE'와 ∠PE'E가 구해지므로 △EPE'를 풀 수 있음

⑤ 외행성까지의 거리 R을 구할 수 있음

[실험 27] 화성의 겉보기운동 모형 만들기

실험안내서

제목	화성의 겉보기운동 모형 만들기	날짜	년 월 일
실험목표	화성과 지구의 공전속도 차이에 따른 화성 겉보기운동 모형을 만들어 봄으로써 화성의 역행현상을 시각적으로 확인할 수 있다.		
준비물	두꺼운 종이, 마분지(검정색, 흰색), 흰색펜, 연필, 풀 또는 접착제, 자, 가위, 스카치 테이프, 젓가락 또는 빨대, 반짝이 풀(금색 또는 은색)		

1. 실험 방법 및 과정

(1) 두꺼운 종이에 두 개의 띠를 아래 그림의 치수에 맞추어 그린다. 하나는 지구, 다른 하나는 화성의 공전궤도를 나타낸다. 단, 화성궤도를 만들 때에는 4번 홈이 파일 곳이 좌우 20.25 cm 떨어져 있는 양쪽 지점보다 0.6 cm가 높아야 하며, 4번 홈에서부터 20.25 cm 떨어져 있는 지점까지 서서히 낮아지도록 만든다(이는 화성의 겉보기운동 경로가 각도를 가지도록 하여 경로를 쉽게 관찰할 수 있도록 하기 위함이다).

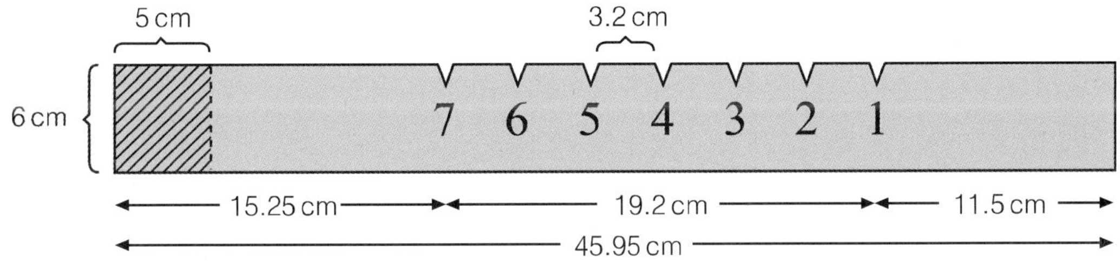

지구궤도

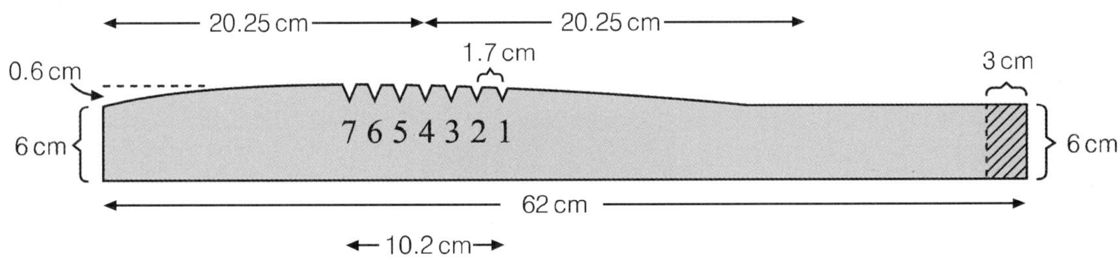

화성궤도

(2) 홈이 파여진 부분은 조심스럽게 잘라낸다.

(3) 지구궤도 띠의 빗금친 부분에 풀칠을 한 후, 지구궤도를 동그랗게 만든 다음 풀칠한 부분이 뒤쪽으로 가도록 하여 붙여 동그란 지구궤도를 완성한다. 화성궤도도 같은 방법으로 동그랗게 만든다.

(4) 흰색 마분지를 펴고, 연필로 마분지 중앙을 지나는 직선을 긋고, 직선 중앙에 작은 크기로 '태양'을 그린다.

(5) 지구궤도를 흰색 마분지 위에 올려 놓는다. 이때 마분지에 그려진 태양이 지구궤도 안쪽 중앙에 오도록

간격을 잘 맞춘 후, 지구궤도의 4번 홈이 마분지 위에 그려진 직선에 일치하도록 고정시킨다.

(6) 이번에는 화성궤도를 흰색 마분지 위에 올려 놓는다. 이때 지구궤도와 화성궤도 간의 거리가 같게끔 두 '궤도'의 간격을 맞춰 주어야 한다(실제로 지구-화성간 거리는 궤도상의 위치에 따라 다르지만, 이 실험에서는 같다고 가정해도 무방하다).

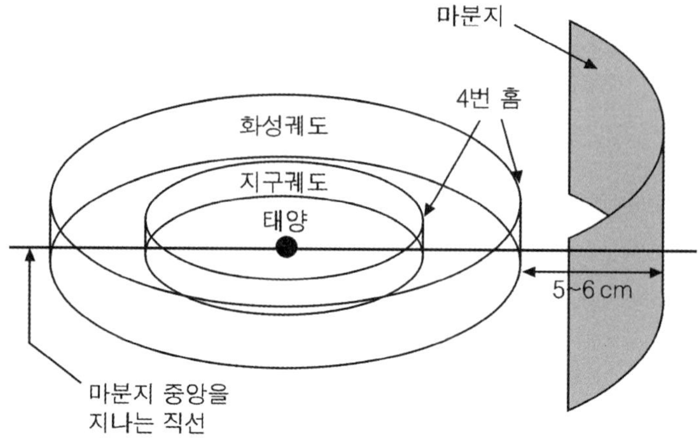

(7) 화성궤도로부터 5~6 cm 떨어진 곳에 검은색 마분지를 세워 놓는다. 마분지 밑면은 원호를 그리도록 둥글게 만들고, 원호를 따라 연필로 곡선을 그린 다음, 곡선에 맞추어 마분지를 고정시킨다(스카치 테이프를 이용한다). 이것은 곧 천구에 해당한다(천구는 무한대의 거리에 있지만, 실험에서는 편의상 적당한 거리에 두었다).

(8) 두 행성의 '궤도'(띠)에 파인 홈의 번호에 맞추어 지구의 ①번 홈과 화성의 ①번 홈 위에 빨대을 올려 놓는다.

(9) 빨대 끝에 반짝이 풀을 묻혀 검은색 마분지를 향하도록 하고, 그곳에 점을 찍어 표시한다. 그 옆에 흰색 펜으로 '1'이라고 써넣는다.

(10) (8)~(9)의 과정을 7번 홈까지 반복한다.

(11) 검은색 마분지 위에 찍힌 점을 흰색 펜으로 순서대로 연결해 본다.

(12) 검은 "하늘"(천구)을 배경으로 화성의 "겉보기운동"이 일어났는지 확인한다.

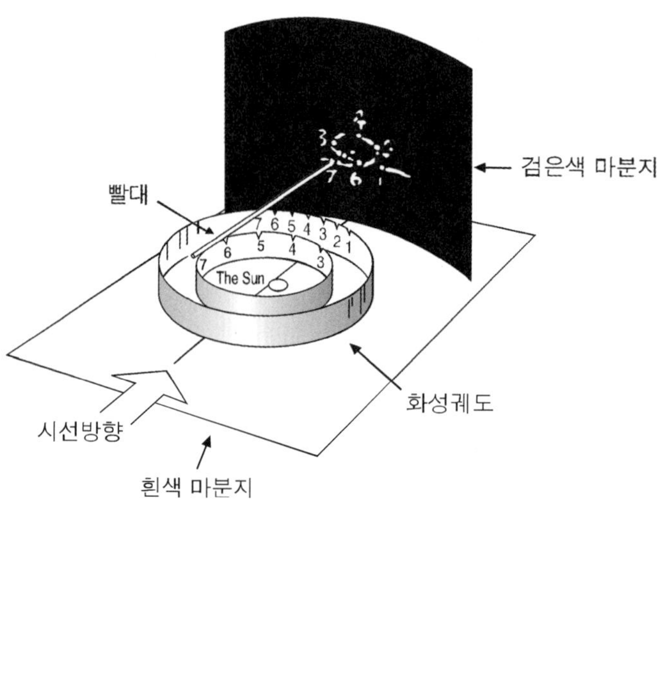

2. 결과 정리 및 토의

(1) 검은색 마분지(천구상) 위에 나타난 화성의 겉보기운동을 그림으로 나타내시오.

(2) 화성의 겉보기운동은 어느 구간에서 반대 방향으로 일어났는가? 이때 화성의 위치 관계는 어떠한가?

(3) 화성의 겉보기운동에서 역행이 일어나는 이유는 무엇인가?

(4) 화성과 같이 역행현상이 일어나는 행성은 무엇인가?

3. 생각해 볼 점

화성의 공전속도가 지구의 공전속도보다 빠를 때 화성의 시운동을 그려 보시오.

[실험 28] H-R도

실험안내서

제목	H-R도	날짜	년 월 일
실험목표	· H-R도를 작성함으로써 별의 종류를 구분할 수 있다. · H-R도에 나타나는 별의 특성을 찾아 설명할 수 있다. · H-R도에 나타나는 별의 진화 단계를 설명할 수 있다.		
준비물	별의 절대등급과 분광형(스펙트럼형)을 나타낸 표, 모눈종이 1, 색연필		

1. 실험방법 및 과정

(1) 〈표 1〉은 태양 부근에 있는 별들의 절대등급과 분광형을 나타낸 것이다.

표 1. 별의 절대등급과 분광형

별 이름	절대등급	분광형	별 이름	절대등급	분광형
태양	+4.8	G2	카노프스	-4.6	F0
시리우스A	+1.4	A1	카펠라	-0.7	G2
시리우스B	+11.6	A1	알데바란	-0.2	K2
GC15853	+10.5	M2	리겔	-6.8	B8
바나드별	+13.2	M5	베텔규스	-5.5	M2
북극성	-4.5	G0	레굴루스	-0.6	B7
센타우르스A	+4.4	G2	수하일	-4.3	K4
센타우르스B	+5.8	K5	에니프	-4.5	B1
센타우르스C	+15.0	M5	스피카	-3.6	K2
프로시온A	+2.8	F5	아크투루스	-0.3	K2
프로시온B	+13.3	F5	안타레스	-4.5	M1
백조자리A	+7.5	K5	베가(직녀)	+0.5	A0
백조자리B	+8.3	K7	데네브	-6.9	A2
캡타인별	+10.8	M0	황소자리17	-2.2	B6
로이텐별A	+15.3	M6	황소자리20	-2.0	B7
로이텐별B	+15.8	M5	벨락트릭스	-3.6	B2
알타이르(견우)	+2.3	A7	로스128	+13.6	M5

(2) [그림 1]의 H-R도에 〈표 1〉에서 주어진 별의 자료를 점으로 표시한 다음, 별의 분포에 따라 몇 개의 집단으로 구분하여 색깔로 표시한다.

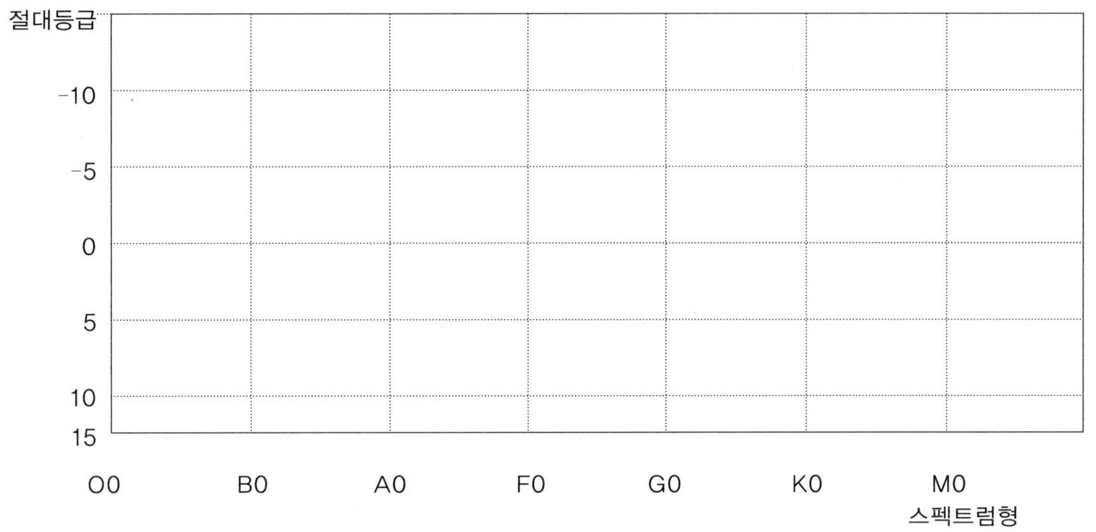

그림 1. H-R도

2. 결과 정리 및 토의

(1) 〈표 1〉의 자료를 H-R도에 나타내면 몇 개의 집단으로 구분되는가?

(2) 각 집단의 별의 표면 온도, 광도, 크기, 밀도 등을 〈표 2〉에서 비교해 보자.

표 2. 별의 종류와 특징

특징 / 종류	표면 온도	광도	크기	밀도

(3) 태양은 어느 집단에 속하는가?

3. 생각해 볼 점

(1) 각 집단의 별의 특성과 진화 단계와의 관계는 어떠한지 토의해 보자.

(2) 가로축의 분광형 대신 쓸 수 있는 별의 물리량에 대하여 알아보자.

[실험 29] 세페이드 변광성을 이용한 소마젤란은하까지의 거리 측정

실험안내서

제목	**세페이드 변광성을 이용한 소마젤란은하까지의 거리 측정**	날짜	년 월 일
실험 목표	· 세페이드 변광성의 밝기와 변광 주기의 관계를 구할 수 있다. · 세페이드 변광성의 주기-광도 관계를 이용하여 은하까지의 거리를 구할 수 있다.		
준비물	전자계산기, 모눈종이, 자(30cm), 컴퓨터(스프레드시트 프로그램 사용 가능)		

1. 실험 과정 및 결과 정리

과정 1 : 세페이드 변광성의 변광 주기와 절대등급과의 관계 그래프 그리기

(1) 다음의 〈표 1〉은 여러 별자리에서 발견된 세페이드 변광성의 변광 주기와 절대등급을 나타낸 것이다.

표 1. 가까운 세페이드 변광성의 변광 주기와 절대등급

별	주기(일)	logP	절대등급
Cas SU	1.95	0.29	-2.54
Sct EV	3.09	0.49	-2.62
Cas CF	4.87	0.69	-3.075
Per UY	5.36	0.73	-3.54
Per VY	5.53	0.74	-3.91
Sgr U	6.74	0.83	-3.93
Cas DL	8.00	0.90	-3.84
Nor S	9.75	0.99	-4.03
Per VX	10.89	1.04	-4.34
Cas SZ	13.62	1.13	-4.71
Pup RS	41.38	1.62	-5.95

(2) 가로축을 logP(주기)로 하고 세로축을 절대등급으로 하여, 각 세페이드 변광성을 모눈종이에 도시하여 세페이드 변광성의 주기-광도 관계 그래프를 그리자.

(3) 다음 자료를 참고하여 세페이드 변광성의 주기-광도 관계식을 구한다.

제 I 형 세페이드 변광성	$M_V = -2.81 \times \text{Log(P)} - 1.43$
제 II 형 세페이드 변광성	$M_V = -2.92 \times \text{Log(P)} - 1.20$

과정 2 : 어떤 미지의 세페이드 변광성 관측 자료를 이용한 거리 구하기

(1) 다음 〈표 2〉는 어떤 세페이드 변광성의 관측 자료이다. '스프레드시트' 프로그램을 사용하여 이 변광성의

변광 주기와 평균 겉보기 등급(m_v)을 구한다.

표 2. 어떤 세페이드 변광성의 관측 자료

Julian Day	겉보기등급	Julian Day	겉보기등급	Julian Day	겉보기등급
2451825	10.95	2451881	10.91	2451933	10.92
2451831	11.91	2451883	10.53	2451936	11.16
2451835	10.77	2451884	10.66	2451942	11.44
2451850	10.92	2451888	11.00	2451946	10.92
2451851	10.55	2451907	11.91	2451963	10.72
2451853	10.73	2451910	11.92	2451966	10.88
2451855	10.88	2451921	11.23	2451969	11.40
2451861	11.66	2451928	10.89	2451974	11.47
2451878	11.89	2451930	10.54	2451980	10.84
2451880	11.53	2451932	10.69		

- 광도가 최소가 되는 날짜를 주의 깊게 보고, 날짜 간격이 어느 정도 인지를 알아 가장 최소가 되는 기간을 대략의 주기로 임시로 정한 후, 'MOD(날짜,주기)/주기'의 식을 이용하여 날짜에 해당하는 위상이 주기를 1로 하였을 때, 0과 1사이의 값으로 나오게 한다. 그 후 광도와 0과 1사이의 주기 위상 값을 이용하여 그래프를 그려 본다. 광도 곡선이 부드럽게 이어 질 수 있도록 주기의 값을 0.01정도의 간격을 갖고 계속 수정하여 광도 곡선이 원하는 만큼 되면 그 때의 주기값이 그 변광성의 주기가 된다(실험안내서 참조).
- 과정 2-(1)의 결과를 수행하면 미지의 세페이드 변광성 주기는 16.03일이다.

미지의 세페이드 변광성의 항성 물리량	주기(P)	Log(P)	평균 실시 등급(m_v)
	16.03 일		

(2) 과정 1의 결과에서 구한 그래프에 미지의 세페이드 변광성 주기를 대입하여 절대등급을 추정한다.

(3) 다음 자료를 참고하여 변광성의 주기-광도 관계식을 이용하여 세페이드 변광성까지의 거리를 계산한다.

제 I 형 세페이드 변광성	M_v= −2.9568 × Log(P) − 1.6218	
제 II 형 세페이드 변광성	M_v= −2.9224 × Log(P) − 1.2027	

(4) 과정 2의 (1)에서 구한 세페이드 변광성의 평균 실시등급 m_v와 (3)의 M_v를 이용하여 거리지수를 구한 후 거리 방정식 $m-M=5\log r-5$을 사용하여 이 세페이드 변광성까지의 거리를 구한다.

구분		거리지수(m_v−M_v)	변광성까지의 거리(pc)
제시된 〈표 1〉 Data에 의한 관계식 이용			
세페이드 변광성 자료 이용	종족 I		
	종족 II		

과정 3 : 소마젤란은하까지 거리 구하기

(1) 다음의 [그림 1]은 소마젤란은하 내에서 발견된 네 개의 세페이드 변광성의 광도 곡선이다.

(2) 소마젤란은하 내에서 발견된 네 개의 세페이드 변광성의 광도 곡선을 보고 각각의 겉보기 등급과 변광 주기를 구해 보자.

• 변광성의 겉보기 등급은 최대 등급과 최소 등급의 평균을 사용한다.

소마젤란은하 내의 세페이드 변광성	최대 실시등급	최소 실시등급	평균 실시 등급
HV 837			
HV 1967			
HV 843			
HV 2063			

(3) 소마젤란은하 내에서 발견된 네 개의 세페이드 변광성의 주기를 과정 1에서 제시된 제1형 세페이드 변광성의 주기-광도 관계에 대입하여 각각의 절대등급을 추정하고 각각의 거리 지수 m-M을 구한다.

소마젤란은하 내의 세페이드 변광성	주기(일)	log(P)	절대등급
HV 837			
HV 1967			
HV 843			
HV 2063			

(4) 거리 방정식 $m-M=5\log r-5$을 사용하여 소마젤란은하 내에서 발견된 세페이드 변광성까지의 거리를 구하고 이것을 평균 내어 소마젤란은하까지의 거리를 구하자.

소마젤란은하 내의 세페이드 변광성	거리지수	변광성까지 거리	소마젤란은하까지의거리
HV 837			
HV 1967			
HV 843			
HV 2063			

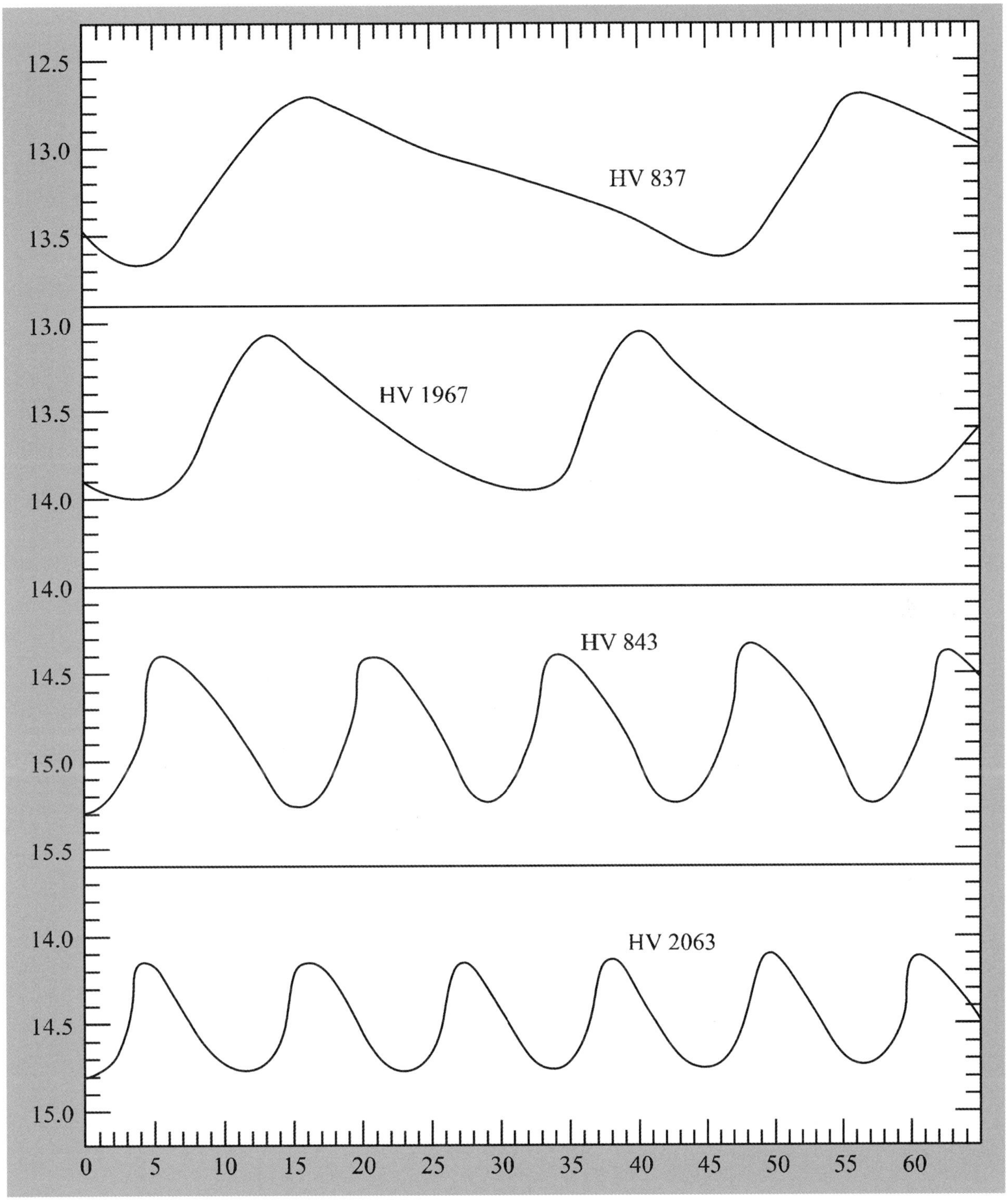

그림 1. 세페이드 변광성의 광도 곡선

2. 생각해 보기

1912년 하버드대의 리비트에 의해 소마젤란운에서 세페이드 변광성이 발견되었다. 리비트는 이 변광성의 겉보기 등급을 분석하던 중 변광 주기와 평균 광도 사이에 비례관계가 있음을 알아내었는데, 이를 이용하여 변광 주기를 관측하여 절대등급을 결정할 수 있었다. 그 방법에 대하여 설명하여 보시오.

[실험 30] 허블 법칙의 이해

실험안내서

제목	허블 법칙의 이해	날짜	년 월 일
실험목표	· 은하의 거리와 시선속도를 구하여 허블의 관계식을 구한다. · 허블 상수를 결정하고 의미를 설명할 수 있다.		
준비물	자, 계산기, 색연필		

1. 실험 방법 및 과정

과정 1 : 은하까지의 거리(r)의 계산

• 제공된 사진 자료(p. 175)의 은하 시지름, 축척선을 이용하여 은하까지의 거리 r을 계산한다.

$$r = \frac{206265(''/rad)}{150''}\frac{dc}{do}Do \quad [do(mm),\ d_C(mm),\ D_O:\ 3\times10^4 pc]$$

※ 유의점 : 거리 단위는 Mpc로 한다.

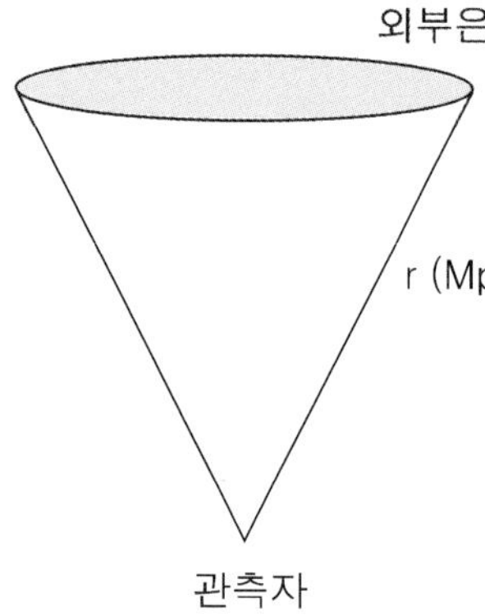

외부은하의 시지름 : d_0(mm)

외부은하의 축척선의 길이 : d_C(mm)

축척선의 각지름 : 150″

외부은하의 평균 지름 : D_O , $3\times10^4 pc$

$$r = \frac{206265(''/rad)}{150''}\frac{dc}{do}Do$$

• 은하까지의 거리

은하	1	2	3	4	5
do(mm)					
dc(mm)					
r(Mpc)					

과정 2 : 은하의 시선속도 구하기

(1) 사진 자료에서 여러 외부 은하들의 스펙트럼이 비교 방출선 스펙트럼과 함께 나타나 있다. 은하의 스펙트럼에서 Ca의 H와 K 흡수선의 파장은 각각 3968.47 Å, 3933.67 Å이다. 또한 그림의 맨 아래에 표시된 a, b, c, d, e, g는 비교 스펙트럼이며, 그 파장은 각각 a=3.888.7 Å, b=3964.7 Å, c=4026.2 Å, d=4143.8 Å, e=4471.5 Å, f=4713.1 Å, g=5015.7 Å이다.

(2) 비교스펙트럼의 파장과 길이와의 관계, 즉 분산율(Å/mm) 구하기

① 비교스펙트럼의 a, g 흡수선의 길이 X_{ag}(mm) 구한다.

② 비교스펙트럼의 a, g 흡수선의 파장 차이($\lambda g - \lambda a$)인 λag(Å)을 구한다.

③ 분산율(Å/mm) = λag / X_{ag} = (Å/mm)

(3) 정지 상태에서 Ca 흡수선 H, K의 파장은 각각 3968.47 Å과 3933.67 Å이므로, 이들이 평균 파장 평균 정지 파장(λo)는 (Å)이다.

(4) 각 은하들의 스펙트럼에서 Ca 흡수선 H, K의 평균 파장의 적색편이를 측정한다. 관측 자료에서 H선과 K선을 정확히 잴 수 없으므로 편의상 이동된 화살표(→)의 길이를 잰다. 이때 적색편이값은 편의상 H 값과 K 선의 중간값을 선택한다.

(5) 도플러 효과의 관계식($v = (\Delta\lambda / \lambda o) \times C$)으로부터 후퇴 속도를 구하여 다음 표를 완성하라.

($C = 3 \times 10^5$ km/s)

은하	$\Delta\lambda$ (mm)	$\Delta\lambda$ (Å)	후퇴 속도 (km/s)
1			
2			
3			
4			

※ 유의사항

① 비교선스펙트럼 a, c사이의 거리를 측정하여 파장과 길이의 관계(Å/mm)를 정확히 측정한다.

② Ca-K의 파장이 Ca-H보다 짧다.

과정 3 : 허블 상수 구하기

(1) 가로축을 시선속도, 세로축을 거리로 하는 그래프를 그린다.

※ 유의점 : 거리 단위로는 Mpc, 세로축의 시선속도 단위로는 km/s를 사용한다.

(2) 직선의 기울기(허블 상수 Ho)를 구한다.

※ 유의점 : 단위로는 Mpc/km/s를 사용한다.

2. 실험 결과 및 토의

(1) 은하의 평균반지름과 시지름, 축척선을 이용하여 은하까지 거리 r을 구하는 다음 식을 유도해 보시오.

$$r = \frac{206265(''/rad)}{150''}\frac{dc}{do}Do$$

(do: 은하의 시지름, dc: 축척선 길이, Do: 3×104pc)

(2) 그래프에서 은하의 거리와 시선속도는 어떤 관계가 있으며, 직선의 기울기(허블 상수)는 얼마인가?

(3) 얼마만한 거리에 있는 외부은하가 광속과 같은 시선속도를 갖는가?

(4) 허블 상수는 50 ~ 100 km/s/Mpc의 값을 갖는다. 허블 상수의 최솟값을 사용한다면 최댓값을 사용할 경우에 비해 우주의 크기와 나이는 몇 배나 차이가 나는가?

(5) 국부 은하군 중 우리 은하에서 매우 가까운 일부의 은하는 허블의 법칙이 적용되지 않는다. 안드로메다은하의 경우 스펙트럼은 오히려 청색편이로 관찰되는데 이러한 사실을 허블의 법칙이 적용되지 않는다는 반증의 사례로 볼 수 있는가?

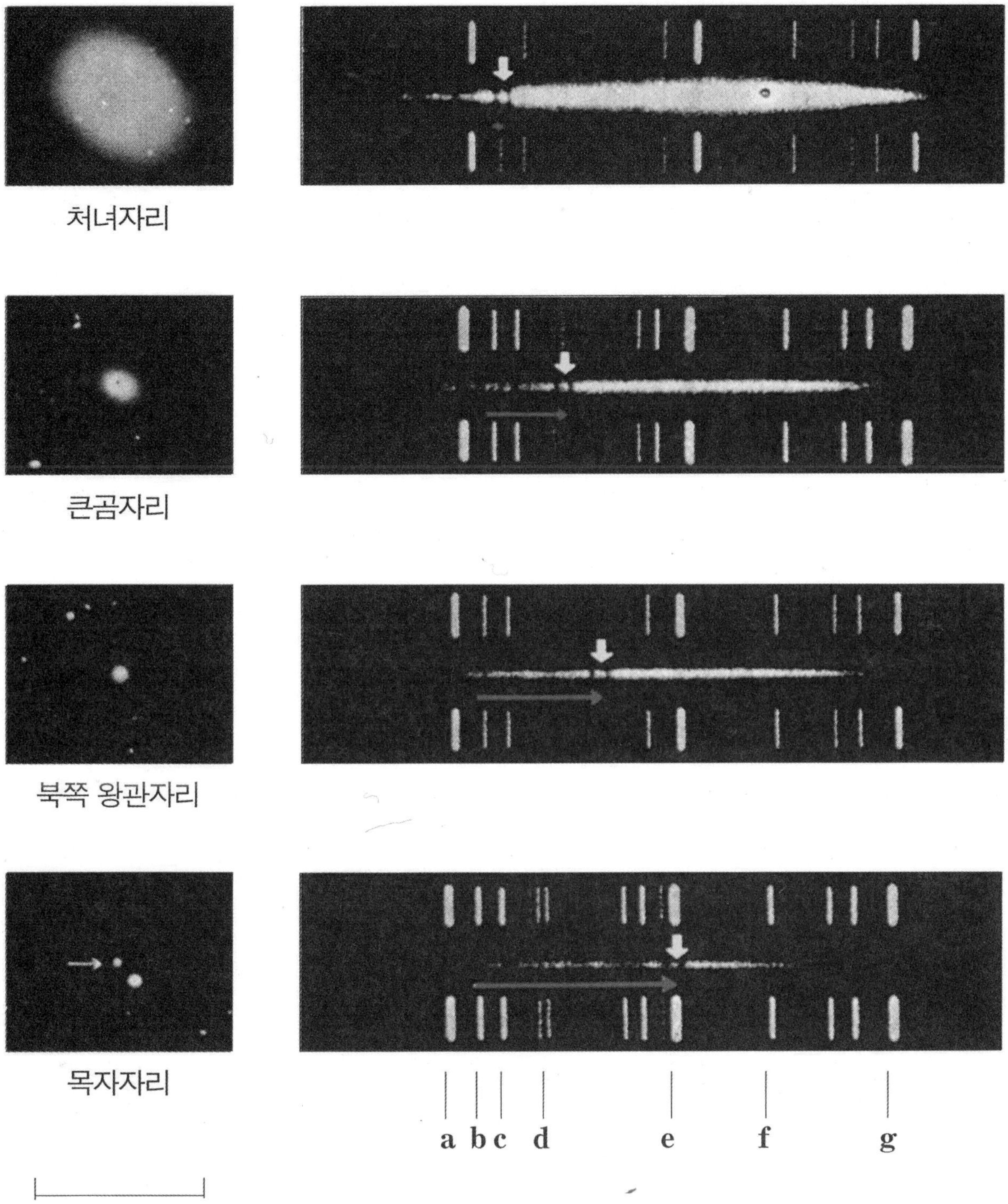

그림 1. 외부 은하들의 스펙트럼 사진

[실험 31] 주계열 맞추기에 의한 산개성단의 거리 결정

실험안내서

제목	주계열 맞추기에 의한 산개성단의 거리 결정	날짜	년 월 일
실험목표	· 플레이아데스(pleiades) 산개성단까지의 거리를 주계열 맞추기 방법으로 구할 수 있다. · 성단까지의 거리 측정 방법에 대해서 설명할 수 있다.		
준비물	자, 그래프 용지, 트레이싱지		

성단의 구성원은 거의 같은 장소에서 같은 시기에 태어났기 때문에, 모든 구성원은 거의 같은 거리에 있다고 생각할 수 있다. 이런 이유로, 동일 성단내의 항성에서 색지수-실시등급도를 그리면 H-R도와 유사한 그래프를 얻을 수 있다. 표준 주계열의 H-R도와 성단의 색-등급도의 H-R도를 같은 스케일로 겹쳐 그리게 되면, 성단의 거리에 따라 성단 주계열의 위치가 다르게 나타난다.

따라서 성단의 색-등급 H-R도를 표준 주계열의 H-R도와 비교하여 두 주계열의 등급 차이를 구하면 성단의 거리지수(m_v-M_v)를 구할 수 있는데, 이러한 방법을 주계열 맞추기(Main sequence fitting)라 한다. 이 방법을 이용하여 플레이아데스 산개성단까지의 거리를 구해 보도록 하자.

1. 실험 방법 및 과정

(1) 〈표 1〉의 표준 주계열성 자료를 사용하여 가로축에는 (B-V)를, 세로축에는 M_v로 하는 H-R도를 그래프용지에 작성한다.

(2) 〈표 2〉에는 플레이아데스 산개성단의 구성원의 관측 자료가 주어져 있다. 이로부터 가로축에는 (B-V)를, 세로축에는 m_v로 하는 색-등급의 H-R도를 표준 주계열의 H-R도와 동일한 스케일로 트레이싱지에 작성한다.

(3) 표준 주계열의 H-R도 위에서 플레이아데스의 색-등급 H-R도를 세로축 방향으로 움직여 H-R도의 주계열이 같은 (B-V)에서 겹쳐지도록 조작한다.

(4) 두 H-R도의 영점(zero-point) 차이를 구한다. 이때, 조작상의 오차를 줄이기 위해 같은 작업을 여러 번 반복하여 평균을 취한다.

(5) 다음의 식을 이용하여 플레이아데스성단까지의 거리(pc)를 거리지수 공식을 이용하여 구한다.

$$m_v - M_v = 5\log r - 5$$

표 1. 표준 주계열성의 DATA

B-V	Mv	U-B	분광형	유효온도
-0.25	-2.10	-0.89	B2 V	20,300
-0.20	-1.10	-0.70	B3 V	18,000
-0.15	-0.30	-0.52	B5 V	15,000
-0.05	0.50	-0.33	B9 V	12,800
0.00	1.10	-0.16	A0 V	11,800
0.05	1.50	0.00	A2 V	11,000
0.10	1.74	0.05	A3 V	9,700
0.20	2.00	0.07	A7 V	9,100
0.30	2.45	0.02	F0 V	8,100
0.40	2.95	-0.01	F3 V	7,000
0.50	3.56	0.00	F7 V	6,800
0.60	4.23	0.08	G0 V	6,300
0.70	4.79	0.24	G8 V	6,000
0.80	5.38	0.43	K0 V	5,320
0.90	5.88	0.63	K2 V	5,120
1.00	6.32	0.87	K3 V	4,760
1.10	7.20	1.03	K4 V	4,500
1.20	7.66	1.13	K5 V	4,400
1.30	8.11	1.21	K6 V	4,000

표 2. 플레이아데스 구성원의 DATA

번호	B-V	mv	번호	B-V	mv
3	0.085	8.24	26	0.038	7.85
5	-0.043	8.06	27	-0.215	5.74
7	0.332	9.60	28	-0.197	6.41
8	0.118	8.14	31	-0.242	4.17
9	0.414	9.83	32	0.526	10.42
10	-0.224	5.44	33	-0.073	7.34
11	-0.297	3.70	34	0.209	8.09
13	0.512	10.37	35	0.620	10.20
15	0.197	8.56	36	0.343	9.27
16	-0.255	5.64	39	0.527	10.51
17	-0.289	4.29	40	-0.148	6.81
18	0.307	8.97	41	0.149	8.37
19	0.067	8.03	42	0.339	9.44
20	0.211	8.58	43	-0.140	6.98
21	0.487	10.11	44	0.046	7.64
22	0.006	7.15	45	-0.133	7.25
23	0.425	9.70	46	-0.001	7.75
24	0.369	9.42	47	-0.098	6.80
25	-0.249	3.86	56	-0.031	6.93

2. 실험상의 유의점

(1) 비교하는 두 성단의 H-R도의 축척이 같아야 한다.

(2) 두 H-R도를 겹치게 할 때 세로축의 방향은 완전히 일치하도록 한다.

(3) 등급차($m_v - M_v$)에 따라 성단까지의 거리가 크게 달라지므로 등급차를 정확히 읽어야 한다.

3. 결과 정리 및 토의

(1) 플레이아데스성단까지의 거리는 몇 pc인가?(계산식과 과정을 표기하시오)

(2) 위 방법으로 성단까지의 거리를 구하는 데 있어서 어떤 가정이 필요한가?

(3) 성단의 주계열 상단부는 성단에 따라 차이가 있지만 H-R 도상에서 약간씩 오른쪽으로 구부러져 있다. 그 이유는 무엇인가?

(4) 실제 플레이아데스성단까지의 거리와 비교하여 '주계열 맞추기 방법'으로 구한 값에 차이가 나는 원인은 무엇인지 생각해 보자.

4. 생각해 보기

표준 주계열 대신 거리를 알고 있는 히아데스성단의 색-등급 H-R도를 이용하여 플레이아데스성단의 거리를 구해 보고, 위의 방법으로 구한 값과 어느 정도 차이가 생겼는지 비교해 보자.

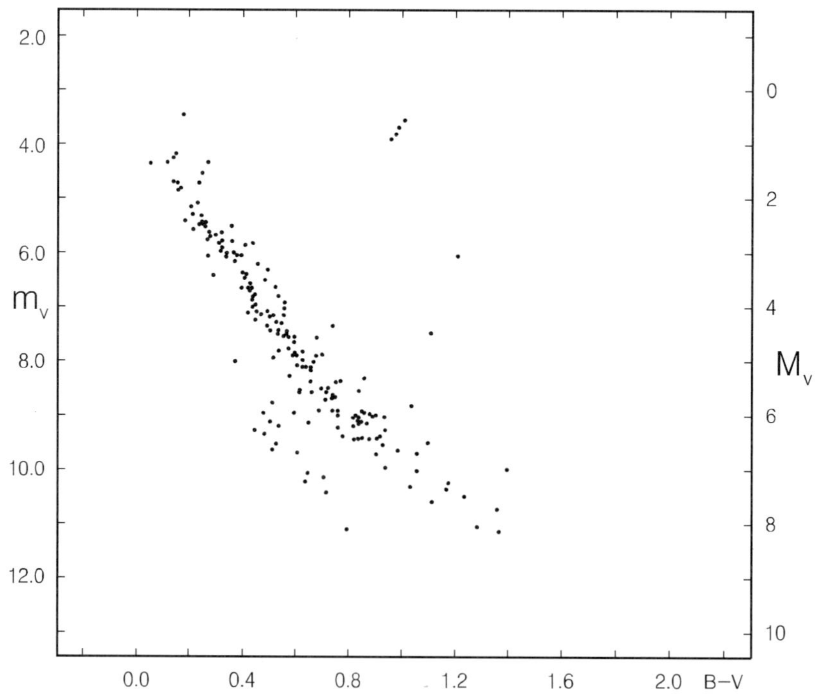

그림 1. 히아데스성단의 색-등급 H-R도(r=130광년)

V. 부 록

[지구과학 실험 총론 요약]

1. 지구과학의 특징

(1) 지구과학 탐구대상의 특징

① 지구과학과 관련된 자연현상이 일어나게 된 원인과 결과 사이에 걸리는 시간이 매우 길다.

② 지구과학의 탐구대상은 커다란 공간적 규모를 가지고 있으며 인위적으로 조작하기가 매우 어렵다.

③ 지구과학 현상에 관련된 개념에는 복합적인 경우가 많다.

④ 지구과학과 관련된 많은 연구대상들에 대한 직접적인 조사가 불가능한 경우가 많다.

(2) 지구과학 탐구 특징

① 탐구방법의 선택이나 이론을 구성하는 데 있어서 많은 제한점이 있다.

② 광범위한 지역의 자료 수집 과정을 필요로 하며, 이론 수립 과정에서도 추론을 하거나 전체 자료를 얻기 위해서 인공위성을 이용한 원격 탐사 등과 같은 첨단 기술이 필요할 때가 많다.

③ 지구과학의 현상을 설명하기 위한 이론을 작성할 때 고려해야 할 변인이나 개념의 수가 많다.

(3) 지구과학 탐구의 목적

① 역사학적 탐구 : 지구의 역사를 밝혀내는 탐구. 예, 지사학

② 인과적 탐구 : 지구에서 일어나는 현상과 그 변화를 대상으로 그 인과 관계를 밝히는 탐구

2. 지구과학의 탐구방법

(1) 지구과학에서 유용한 탐구의 수준

① 경험적 근거 : 관찰이나 실험에 의해서 확정된 진술

② 경험적 체계화와 일반화 수준 : 많은 개개의 관찰 결과를 요약하고 체계화하는 단계

③ 이론적 수준 : 일반적인 법칙의 형태로서 경험적 근거와 두 번째 단계의 체계와, 일반화된 경험적 자료가 한 법칙의 필요한 부분으로 포함

④ 조정원리 수준 : 경험적 연구와 이론 생성을 위한 방향을 제시하는 관행, 규칙, 비경험적인 원리 등이 포함

(2) 지구과학에서 이용되는 탐구방법

① 인과적 탐구영역 : 탐구결과로서 현재의 현상을 설명하고자 하며 야외 관찰뿐만 아니라 물리적·화학적 이론의 외연, 실험결과의 비유적 해석 등을 시도

② 역사적 탐구영역 : 지구의 역사를 특수한 사건의 순서로 결정하고자 야외에서 관찰을 통하여 필요한 증거를 수집

[각종 상수 값]

1. 지구의 물리량

차원	평균 반경	6,371 km
	적도 반경	6,378 km
	극 반경	6,357 km
	극 둘레	40,009 km
	적도 둘레	40,077 km
암석 부피	총 부피	1.08×10^{12} km^3
	대륙 지각 부피	6.21×10^{8} km^3
	해양 지각 부피	2.66×10^{8} km^3
	맨틀 부피	8.99×10^{5} km^3
	핵 부피	1.75×10^{5} km^3
밀도	지구의 평균 밀도	5.5 g/cm^3
	지각의 평균 밀도	2.8 g/cm^3
	대륙 지각의 밀도	2.7 g/cm^3
	해양 지각의 밀도	3.0 g/cm^3
	맨틀의 밀도	4.5 g/cm^3
	핵의 밀도	10.7 g/cm^3
면적	총 면적	5.10×10^{8} km^2
	해양 면적	3.61×10^{8} km^2
	육지 면적	1.49×10^{8} km^2
물 부피	총 부피	1.41×10^{9} km^3
	바다 부피	1.37×10^{9} km^3
	빙하 부피	2.5×10^{7} km^3
	지하수 부피	8.4×10^{6} km^3
	호수 부피	1.25×10^{5} km^3
	강 부피	1.25×10^{3} km^3
고도	육지의 평균 높이	875 m
	해양의 평균 깊이	3,800 m

2. 주요 광물표

광물명	주요 금속 성분	색	조흔색	굳기	쪼개짐
금강석	(탄소)	무	백	10	완전
자연금	금	황금	황금	2.3~3	-
황	(황)	황	황	1.5~2.5	-
황철석	철	황동	회흑	6~6.5	불완전
황동석	구리, 철	황동	녹흑	3.5~4	조금 완전
방연석	납	납회	납회	2.5~3	완전
암 염	나트륨, (염소)	무	백	2.5	완전
형 석	칼슘, (플루오르)	무	백	4	완전
석 영	(규소)	무	백	7	-
단백석	(규소)	백	백	5.5~6.5	-
강 옥	알루미늄	청, 회	백	9	조금 완전
적철석	철	철흑	적갈	5.5~6.5	완전
자철석	철	철흑	흑	5.5~6.5	불완전
방해석	칼슘	무, 백	백	3	완전
능철석	철	황갈	백	3.5~4	완전
정장석	칼륨, 알루미늄	백	백	6	완전
사장석	나트륨, 알루미늄	백	백	6~6.5	완전
운 모	칼륨, 알루미늄, 철	무, 갈	백	2.5~3	완전
각섬석	칼슘, 마그네슘, 철	흑, 녹	백	5.5	완전
휘 석	칼슘, 마그네슘, 철	암녹	백	5~6	완전
감람석	마그네슘, 철	담녹	담갈	6.5~7	완전
황 옥	알루미늄, (플루오르)	무	백	8~9	완전
홍주석	알루미늄	회, 적	백	7.5	완전
활 석	마그네슘	담녹	백	1~1.5	완전
지르콘	지르코늄	무	백	7.5	불완전
석 고	칼슘	무	백	1.5~2	완전
회중석	칼슘, 텅스텐	무	백	4.5~5	완전

※ (　　)안의 물질은 비금속이다.

3. SI 단위 및 단위 변환

(1) SI 기본 단위

· 길이(length) : 미터(meter, m)

· 시간(time): 초(second, s)

· 질량(mass): 킬로그램(kilogram, kg)

· 전류(current): 암페어(ampere, A)

· 온도(temperature): 켈빈(kelvin, K)

· 광도(luminous intensity): 칸델라(candela, cd)

(2) SI 유도 단위

· 힘(force) : 뉴턴(newton, N)	$1\ N = 1\ kg \cdot m/s^2$
· 일과 에너지(work and energy) : 줄(joule, J)	$1\ J = 1\ N \cdot m$
· 동력-전력(power) : 와트(watt, W)	$1\ W = 1\ J/s$
· 진동수(frequency) : 헤르츠(hertz, Hz)	$1\ Hz = S^{-1}$
· 전하(charge) : 쿨롬(coulomb, C)	$1\ C = 1\ A \cdot s$
· 자기 유도(magnetic induction) : 테슬라(tesla, T)	$1\ T = 1\ N/A \cdot m$
· 압력(pressure) : 파스칼(pascal, Pa)	$1\ Pa = 1\ N/m^2$

(3) 단위 환산

길이 1 km = 0.6215 mi 1 mi = 1.609 km 1 m = 1.0936 yd = 3.281 ft = 39.37 in. 1 in. = 2.54 cm 1 ft = 12 in. = 30.48 cm 1 yd = 3 ft = 91.44 cm 1 광년 = 9.461×10^{15} m 1 Å = 0.1 nm	자기 유도 1 G = 10^{-4} T 1 T = 10^4 G 힘 1 N = 0.2248 lb = 10^5 dyn 1 lb = 4.4482 N 밀도 1 g/cm^3 = 1000 kg/m^3 = 1 kg/L
면적 1 m^2 = 100 cm^2 1 km^2 = 0.3861 mi^2 1 in^2 = 6.4516 cm^2 1 ft^2 = 9.29×10^{-2} m^2 1 m^2 = 10.76 ft^2	압력 1 Pa = 1 N/m^2 1 atm = 101.325 kPa = 1.01325 bars 1 atm = 14.7 lb/in^2 = 760 mmHg 1 torr = 1 mmHg = 133.32 Pa 1 bar = 100 kPa

각과 각속도 πrad = 180° 1 rad = 57.30° 1° = 1.745×10^{2} rad 1 rev/min = 0.1047 rad/s 1 rad/s = 9.549 rev/min	에너지 1 kW · h = 3.6 MJ 1 Bru = 778 ft · lb = 252 cal = 1054.35 J 1 eV = 1.602×10^{-19} J 1 erg = 10^{7} J
체적 1 m^3 = 106 cm^3 1 L = 1000 cm^3 = 103 m^3 1 gal = 3.786 L = 231 in^3	동력-전력 1 hp = 550 ft · lb/s = 745.7 W 1 Btu/min = 17.58 W 1 W = 1.341×10^{-3} hp
시간 1 h = 60 min = 3600 s 1 day = 24 h = 1440 min = 86.4 ks 1 year = 365.24 days = 31.56 Ms	질량 1 g = 0.035 oz 1 kg = 1000 g 1 tonne = 1000 kg = 1 Mg

4. 물리 상수 및 천문 자료

만유 인력 상수(G) $G = 6.673 \times 10^{-11} N \cdot m^2/kg^2$	원자 질량 단위(amu) u = $1.6605402 \times 10^{-27}$ kg	태양 반지름($R_\odot$) $R_\odot = 6.96 \times 10^{5}$ km
표준 중력 가속도(g) g=9.80665 m/s	천문 단위(AU) AU = 1.4959789×10^{11} m	지구 질량(M_e) $M_e = 5.9742 \times 10^{24}$ kg
진공에서의 빛의 속도(c) $c = 2.9979 \times 10^{8}$ m/s	전자의 기전 전하량(e) $e = 1.60217733 \times 10^{-19}$ C	지구 적도 반지름(R_e) $R_e = 6.378145 \times 10^{3}$ km
플랑크 상수(h) $h = 6.6256 \times 10^{-34}$ J·s	파섹(pc) pc = 206264.806AU = 3.2616LY=3.0856×10^{16} m	달 질량(M_M) $M_M = 7.34 \times 10^{22}$ kg
빈 상수(σ_w) $\sigma_w = 0.029$ m·K	광년(LY) LY= 9.46053×10^{15}m= 6.324×10^{4} AU	달 반지름(R_M) $R_M = 1.738 \times 10^{8}$ km
슈테판-볼츠만 상수(σ) $\sigma = 5.6693 \times 10^{-8}$ W/m^2·K^4	항성년(y) y = 3.155815×10^{7} s	은하 중심에서 태양까지의 거리(D) D=27700 LY
전자 질량(m_e) $m_e = 9.1091 \times 10^{-31}$ kg	태양 질량($M_\odot$) $M_\odot = 1.989 \times 10^{30}$ kg	황도 경사(ε) $\varepsilon = 23° 26' 21'' 48$
양성자 질량(m_p) $m_p = 1.6725 \times 10^{-27}$ kg=1836.1m_e	태양 광도($L_\odot$) $L_\odot = 3.90 \times 10^{26}$ W	은하 질량(M_G) M_G 〉 $2 \times 10^{11} M_\odot$
수소 원자 질량(m_H) $m_H = 1.6735 \times 10^{-27}$ kg	태양 상수(S) S=1370 W/m^2	은하면 지름(d) d=30 kpc

5. 행성의 물리량

행성	반지름(지구=1)	질량(지구=1)	평균 밀도 (g/cm^3)	편평도	광도 등급(mv)	자전 주기	자전축의 기울기
수성	0.38	0.055	5.43	0.0	−2.4	58.65일	7°
금성	0.95	0.82	5.24	0.0	−4.7	243.0일	177.3°
지구	1.00	1.000	5.52	$\frac{1}{298}$	−0.2	23h 56m	23.45°
화성	0.53	0.11	3.93	$\frac{1}{171}$	−3.0	24h 37m	25.19°
목성	11.21	317.9	1.33	$\frac{1}{15.9}$	−2.8	9h 55m	3.12°
토성	9.45	95.18	0.70	$\frac{1}{9.2}$	−0.5	10h 40m	26.73°
천왕성	4.10	14.54	1.30	$\frac{1}{50}$	+5.3	15h	97.86°
해왕성	3.88	17.13	1.76	$\frac{1}{43}$	+7.8	−	29.58°

행성	궤도 긴 반지름(AU)	공전주기(일)	회합 주기(일)	궤도이심률	궤도경사각	위성수
수성	0.387	87.97	115.9	0.206	7°00′	0
금성	0.723	224.70	583.9	0.007	3°24′	0
지구	1.000	365.26	−	0.017	0°00′	1
화성	1.524	686.98	779.9	0.093	1°51′	2
목성	5.205	4335.06	389.9	0.048	1°18′	28
토성	9.576	10834.91	378.0	0.056	2°29′	30
천왕성	19.281	30685	369.6	0.046	0°48′	21
해왕성	30.142	60444	367.5	0.010	1°46′	8

6. 일기 기호 및 일기 기호 기입의 예

(1) 일기 기호

1 전 선

2 운 량

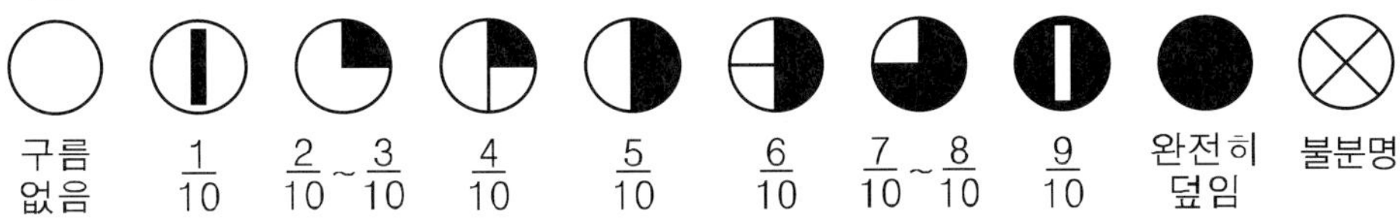

3 풍속(m/s)

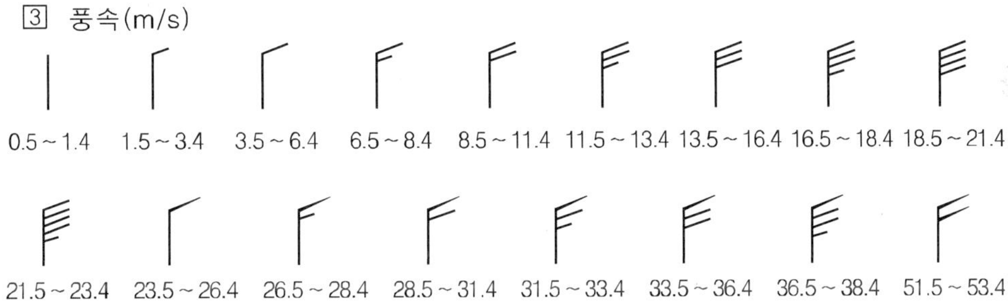

(2) 일기도의 관측 지점에 기입하는 형식의 예

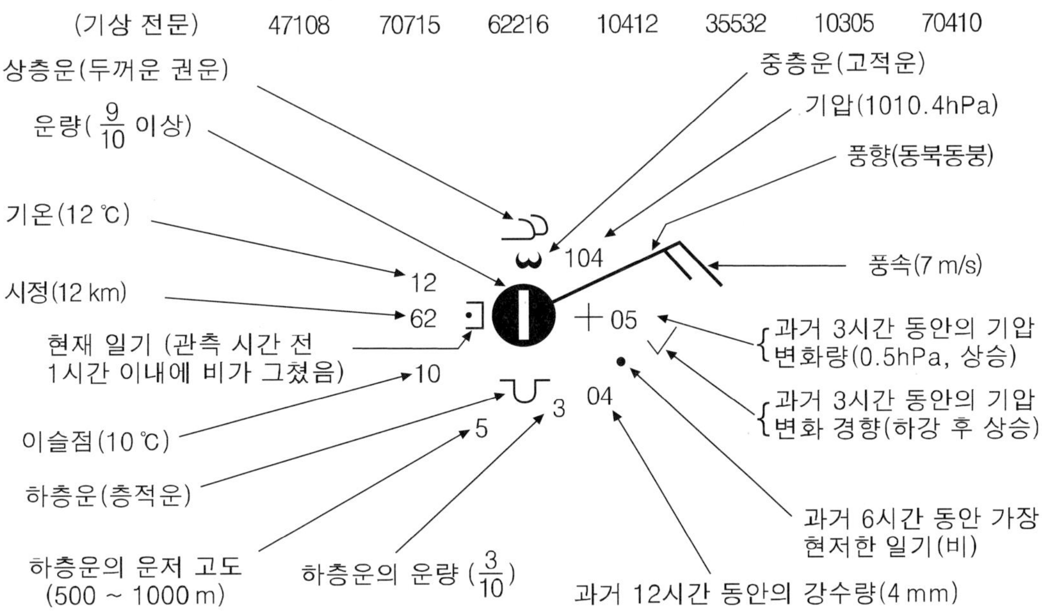

[참고 문헌과 인용 자료 출처]

참고 문헌(관련 문헌 포함)

강용희, 민경덕, 안병호, 양승영, 윤일희, 이윤종, 임성규(2001). 대학지구과학. 형설출판사.

강인식, 김경익, 김영섭, 김유근, 문영수, 민경덕(1999). 대기과학개론. 시그마프레스.

강혜성, 김성수, 민영기, 윤홍식, 이수창, 장헌영, 홍승수(2008). 천문학. 시그마프레스.

김경렬, 김동희, 김혜영, 박창범, 전종갑, 조문섭(2003). 지구시스템의 이해. 박학사.

김동주, 김형식, 도성재, 백광호, 소칠섭, 윤성택, 이진한, 최선규, 노의근, 이태영, 위수민(1997). 지구환경과학개론. 시그마프레스.

김성균(1996). 고체지구물리학. 교학연구사.

김수진(1996). 광물과학. 우성.

대학지구과학연구모임(2005). 지구과학개론. 청문각.

문병찬, 정진우, 경재복, 고영구, 윤석태, 김해경, 오강호(2004). 예비교사들의 탄소 순환에 대한 지구시스템의 관련개념과 시스템 사고의 적용. 한국지구과학회지, 25(8), 684-696.

박수인, 권석민, 김인수, 신홍렬, 안건상(2004). 지구시스템과학. 교육과학사.

안병호(2000). 우주환경 물리학. 시그마프레스.

안희수(2006). 재미있는 지구과학 실험. 교학연구사.

오필석, 김찬종(2005). 지구과학의 한 탐구 방법으로서 귀추법에 대한 이론적 고찰. 한국과학교육학회지. 25(5), 610-623.

이창진(2003). 지구과학의 정체성과 학문 분류. 한국지구과학회지, 24(7), 650-656.

이효녕, 권영륜(2008). 지구계 주제 중심의 지구과학 모듈 개발 및 적용. 한국지구과학회지, 29(2), 175-188.

정창희(1958). 지질학개론. 박영사.

최승언(2008). 천문학의 이해. 서울대학교출판부

한국지구과학회(2004). 지구과학개론. 교학연구사.

한국지구과학회(2005). 지구환경과학 I. 대한교과서.

한국지구과학회(2004). 지구환경과학 II. 대한교과서.

한국지구과학회(2009). 재미있는 지구과학 이야기. 북스힐.

Mayer, V. J., 남정희, & 이효녕(2007). 통합과학의 이해: 지구시스템적 접근. 자유아카데미.

American Geological Institute. (2000a). Earth System Science in the Community (EarthComm). New York: It's About Time.

American Geological Institute. (2000b). Teacher Manual for Earth System Science in the Community, Washington D.C.: American Geological Institute.

Andrew, F. David, M., & Sidney W. (1997). Voyages through the universe. Saunders College Publishing.

Ben-zvi-Assaraf, O., & Orion, N. (2005). Development of system thinking skills in the context of Earth System Education. Journal of Research in Science Teaching, 42(5), 518-560.

Brian, J. S. & Stephen, C. P. (2003). The dynamic Earth. John Wiley & Sons.

Engelhardt, W. von., & Zimmermann, J. (1982). Theory of earth science (translated by L. Fischer). Cambridge, UK: Cambridge University Press.

John, A. K. (1997). Introduction to physical oceanography. Upper Saddle River, New Jersey: Prentice Hall.

Kali, Y., Orion, N., & Eylon, B-S. (2003). Effect of knowledge integration activities on students' perception of the Earth's crust as a cyclic system. Journal of Research in Science Teaching, 40(6). 545-556.

Kim, C.-J. (2002). Inference frequently used in earth science. Journal of the Korean Earth Science Society, 23(2), 188-193.

Lee, H., & Jax, D. (2004). Getting into ENSO: Researching El Nino expands a weather study from a local to a global perspective. Science and Children, 41(8), 28-31.

Lee, H., Fortner, R. W., & Mayer, V. J. (2004). Earth systems education: An integrated science curriculum construct for Korea. Secondary Education Research, 52(1), 397-426.

Mayer, V. J. (Ed.). (2002). Global science literacy. Dordrecht, Netherlands: Kluwer Academic Publisher.

Mayer, V. J., & Fortner, R. W. (Eds.). (1995). Science is a study of Earth: A resource guide for science curriculum restructure. Columbus, OH: The Ohio State University.

Mayer, V. J., & Kumano, Y. (1999). The role of system science in future school science curricula. Studies in Science Education, 34, 71-9.

Selles-Martinez, J. (2004). International Earth Science Olympiad: What to test and how to do so. Seoul Conference for International Earth Science Olympiad(IESO) Conference Proceedings, 136-142.

인용 자료 출처

[실험 3] 지구 타원체와 지오이드

우종옥, 민영기, 박홍서, 김정률, 손병주, 경재복, 이찬영(1997). 지구과학실험. 한국교원대 과학교육연구소.

정진우, 경재복, 박홍서, 우종옥, 위수민, 김헌수(2002). 지구과학실험. 한국교원대 과학교육연구소.

[실험 12] 지질학적 사건의 순서 정하기

우종옥, 민영기, 박홍서, 김정률, 손병주, 경재복, 이찬영(1997). 지구과학실험. 한국교원대 과학교육연구소.

정진우, 경재복, 박홍서, 우종옥, 위수민, 김헌수(2002). 지구과학실험. 한국교원대 과학교육연구소.

[실험 18] 해수의 수온-염분-밀도 사이의 관계

Thurman, H. V., & Savin, S. M. (1995). Laboratory exercises in oceanography. Upper Saddle River, New Jersey: Prentice Hall.

[실험 21] 판 퍼즐

우종옥, 민영기, 박홍서, 김정률, 손병주, 경재복, 이찬영(1997). 지구과학실험. 한국교원대 과학교육연구소.

정진우, 경재복, 박홍서, 우종옥, 위수민, 김헌수(2002). 지구과학실험. 한국교원대 과학교육연구소.

[실험 20] 해저 확정과 판 구조론

우종옥, 민영기, 박홍서, 김정률, 손병주, 경재복, 이찬영(1997). 지구과학실험. 한국교원대 과학교육연구소.

Thurman, H. V., & Savin, S. M. (1995). Laboratory exercises in oceanography. Upper Saddle River, New Jersey: Prentice Hall.

[실험 23] 지구와 태양과의 거리 결정

Culver, R. B. (1983). An Introduction to Experimental Astronomy(2nd.). New York: W.H. Freeman & Company.

[실험 27] 화성의 겉보기운동 모형 만들기

National Aeronautics and Space Administration(NASA). (2004). NASA Teaching materials for educators. available from http://www.nasa.gov/

[실험 30] 허블 법칙의 이해

Culver, R. B.(1983). An Introduction to Experimental Astronomy(2nd.). New York: W.H. Freeman & Company.